再等，青春就老了

夏沫 编著

中国商业出版社

图书在版编目（CIP）数据

再等，青春就老了 / 夏沫编著. —北京：中国商业出版社，2015. 12

ISBN 978-7-5044-9215-9

Ⅰ. ①再…　Ⅱ. ①夏…　Ⅲ. ①成功心理－通俗读物　Ⅳ. ① B848.4-49

中国版本图书馆 CIP 数据核字（2015）第 296385 号

责任编辑：朱丽丽

中国商业出版社出版发行

010-63180647　www. c-cbook. com

（100053　北京广安门内报国寺 1 号）

新华书店总店北京发行所经销

北京毅峰迅捷印刷有限公司印刷

*

710 × 1000 毫米　16 开　14 印张　200 千字

2016 年 5 月第 1 版　2016 年 5 月第 1 次印刷

定价：32. 00 元

* * * *

（如有印装质量问题可更换）

前言
PREFACE

奋斗的青春，不悔的人生

“等过完这个周末我就努力学习。”

“从明天我就开始运动。”

“等下星期我们就找时间出去走走。”

“等我有钱了我就带爸妈出国旅游。”

“等我买房了我就向她求婚。”

……

等、等、等，似乎我们所有的时间，都用在了等待上。人人都愿意牺牲现在宝贵的时间，来换取毫不可知的未来。因为正活在美好青春时光里的我们总是觉得日月长在，何用人忙；总是认为错过了还有其他的机会，晚一点有什么关系。于是，我们把该承担的责任留到了以后，把该面对的困难留给了以后，把该尽的责任也留给了以后……

可结果呢？

自然是——“明日复明日，明日何其多。我生待明日，万事成蹉跎。世人若被明日累，春去秋来老将至。”

是的，明天，正是等待者们给自己的心理安慰。他们习惯性地把今天要解决的事拖到明天，希望明天一切都会好转。如果说一件事不存在截止期限的话，那么等待自然是再美好不过的事情，因为总会有明天。有位哲人就曾经说过这样一句精辟的名言：“毁灭人类的方法非常简单，那就是告诉他们还有明天。因为告诉他们还有明天，他们就不会在今天努力了。”

可实际上，跟牛奶、咖啡有保质期一样，我们的青春也有期限。你不做青春的主人，就要做青春的奴隶；你若不利用青春，青春就会把你耗尽。因为青春不会等着你的下一步行动，你一旦停下来，踏上的就只能是毁灭的开端。试问，春天交了白卷的人，到了秋天，还有资格唱丰收之歌吗？

比利时《老人》杂志就曾在全国范围内，对60岁以上的老人开展了一次题为“你最后悔什么”的专项调查活动，调查的结果如下：72%的老人后悔年轻时努力不够，以致事业无成；67%的老人后悔年轻时选择了错误的职业；63%的老人后悔对子女教育不够或方法不当；58%的老人后悔锻炼身体不足；56%的老人后悔对伴侣不够忠诚；47%的老人后悔对双亲尽孝不够；41%的老人后悔选错了终身伴侣；36%的老人后悔自己未能周游世界；32%的老人后悔自己一生过于平淡，缺乏刺激；11%的老人后悔没有赚到更多的金钱。老人们回首青春的这种种遗憾，对于年轻人来说，无一不是警示。

如果把我们的生命比作一辆永不停歇的列车，那么，青春一定是最美的一段旅程。不过，再美的旅程，也终会轰隆隆地驶过，永不回头。与其在生命的尽头才遗憾自己的生命并未“燃烧”，不如把握好现在的时光，让自己拥有一个不后悔的人生。

目录
CONTENTS

三、毋懒——别让未来的你，讨厌现在的自己

四、勿纵——穿过青春的迷雾，才能真正成长

五、非苦——最能吃苦的年纪，就别选择安逸

一、不拖
——明天的太阳，照不到今天的树叶

明天的确很美好，但是，对于不珍惜今天的人来说，其实根本就没有明天。

多少青春在拖延中浪费

明日复明日，明日何其多，我生待明日，万事成蹉跎。

也许你觉得自己抱负远大、理想崇高，也许你同样渴望成功，不甘居于人后！可是，你有没有想过：为什么直到现在你还一直在错过？错过了太阳，又错过了繁星，错过了春华，又错过了寒冬……

真相其实很简单——因为你正赖在拖延的温床上不起。

下面这个场景你是否似曾相识：清晨，闹钟把你从睡梦中叫醒，想着自己所制定的计划，却又贪恋被窝里的温暖，一边对自己说“该起床了”，一边又不断地给自己寻找借口“再等一会儿”。于是，在忐忑不安之中，又躺了五分钟、十分钟，甚至更久。

这就是拖延！如果你正打算用你的白日梦和你从没按时履行过的计划表来实现梦想，那么，等待你的只有生命的损耗和机会的擦肩而过而已。

美国女孩卡洛琳，从念中学的时候起，就一直梦寐以求地想当电视节目的主持人。

她觉得自己具有这方面的才干，因为每当她和别人相处时，即使是生人也都愿意亲近她并和她长谈。她知道怎样从人家嘴里“掏出心里话”。她的朋友们称她是他们的“亲密的随身精神医生”。她的家庭条件很好，对她有很大的帮助和支持——她的父亲是波士顿有名的整形外科医生，母亲在一家声誉很高的大学里担任教授。可以说，她完全有机会实现自己的理想。

但是，她为达到这个理想而做了些什么呢？

其实什么也没有做！她常说："只要有人给我一次上电视的机会，我相信一定能成功。"她只是在等待奇迹出现，希望一下子就当上电视节目主持人。

结果呢？自然是什么奇迹也没有出现。谁也不会请一个毫无经验的人去担任电视节目主持人，而且节目的主管也没有兴趣跑到外面去搜寻天才。

另一个美国女孩茱莉亚，也希望自己能成为著名的电视节目主持人。

她不像卡洛琳那样有可靠的经济来源和良好的家庭背景，她知道一切成功都要靠自己的努力去争取。她白天去做工，晚上在大学的舞台艺术系上夜校。毕业之后，她开始谋职，跑遍了洛杉矶每一个广播电台和电视台。但是，得到的答复都差不多："不是已经有几年经验的人，我们不会雇用的。"

但她还是不愿意退缩，也没有等待机会，而是走出去寻找机会。她一连几个月仔细阅读广播电视方面的杂志，最后终于看到一则招聘广告：北达科他州有一家很小的电视台招聘一名预报天气的女孩子。茱莉亚是加州人，不喜欢北方。但是，有没有阳光，是不是下雨都没有关系，她希望找到一份和电视有关的职业，干什么都行！她抓住这个工作机会，动身到北达科他州。她在那里工作了两年，最后在洛杉矶的电视台找到了一份工作。又过了五年，她终于得到提升，成为她梦想已久的节目主持人。

为什么卡洛琳没有实现自己的理想，而茱莉亚却如愿以偿呢？就是因为卡洛琳一直停留在幻想上，将最美好的时光浪费在了坐等机会上；而茱莉亚则是采取行动，最后，终于实现了理想。

其实，现在不少的孩子都多多少少有类似卡洛琳这样的问题：有根基，有条件，有才华，但就是缺乏行动的力量，缺乏拼搏的动力。要知道，很多时候，无谓地拖延，就是成功的最大杀手。消极地等待，正是对生命的一种浪费！如果每当遇到糟糕的情况，你总是说"我应该做它，但应付它现在已经太晚"，那么，你的不成功就不能归咎于外在力量的影响，它完全是由你自己一手造成的。

如果哪天你把自己一天的活动记录下来，你会惊讶地发现：拖延，耗掉了你太多的时间！美国哈佛大学人才学家哈里克也曾说：“世上有93%的人都因拖延的陋习而一事无成，这是因为拖延能杀伤人的积极性。”事实上，我们自己也常常会有这种体会：有热情的时候去做一件事，与在热情消失以后去做一件事，其中的难易苦乐无法相比。趁着热情最高的时候，做一件事情往往是一种乐趣，也是比较容易的；但在热情消灭后，再去做那件事，往往是一种痛苦，也不易办成。

如此看来，还有什么比拖延更为有害，更能使人懈怠的呢？拖延绝对是最可怕的敌人，它是时间的窃贼，它还会损坏人的品格，贻误好的机会，劫夺人的自由，使人成为它的奴隶。所以，在它还没有耗掉你的青春，限制你一生的机会之前，就要即刻把这一敌人置于死地。

一般情况下，是人的惰性在作怪。每当自己要付出劳动时，或要做出抉择时，我们总会为自己找出一些借口、理由，总想让自己轻松些、舒服些，当我们被主动性和惰性拉来拉去，不知所措、无法定夺时，时间就这样被一分一秒地浪费了。当然，有时拖延是因为考虑过多、犹豫不决造成的。适当的谨慎是必要的，但是谨慎过头就是优柔寡断，更何况很多像早上起床这样的事是没有必要做任何考虑的。所以，我们要想尽一切办法瞬间果断地行动，而不是想尽一切借口去拖延，绝不要让“我是不是可以等一等”这样的念头控制自己。也就是说，在知道自己要做一件事的同时，立即动手绝不给自己留一秒钟的思考余地，那么拖延就没有乘虚而入的可能了。

正如爱默生所说：“紧驱他的四轮车到别的星球上去的人，倒比在泥泞的道上追踪蜗牛行迹的人，更容易达到他的目标！”当你准备把今天的事情放到明天去做时，你应该想想到底有多少明天在等着你，到底有多少机会在等着你。青春，正是人生中最美好的时光，万万不能因为拖延而浪费生命。

延伸阅读：你的拖延症几级了？

回答下面的9道题，用笔记录下分数，并相加得出总分。

计分方式：

我不会或极少这样，计1分；我很少这样，计2分；我有时这样，计3分；我时常这样，计4分；我就是或总是这样，计5分。其中，第2、5、8题为反式计分，即由“我就是或总是这样”至“我不会或极少这样”的分数为1–5分。将以下9道题的分数相加，即为拖延测试的总分数。

测试题目：

1. 我将任务推迟到了不合理的程度。
2. 不管什么事情，只要我觉得需要做，就会立即去做。
3. 我经常为没有早些着手而后悔。
4. 我在生活中的某些方面经常拖延，尽管明知道不应该这么做。
5. 如果有我应该做的事情，我就会先做完它，再去做那些次要的。
6. 我拖得太久，这令我的健康和效率都受到了不必要的影响。
7. 总是到了最后，我才发现我其实可以把时间用在更好的地方。
8. 我很妥善地安排我的时间。
9. 在本该做某件事的时候，我却去做别的事情。

测试结果：

19分及以下：轻微拖延，约占人群的10%，“要紧的事先做”是你的座右铭。

20~23分：稍微拖延，约占人群的10%～25%，一般不会影响工作和生活。

24~31分：平均水平的拖延，约占人群的50%，这样的人总是认为“一会儿再做也可以”。

32~36 分：严重拖延，约占人群的 10% ~ 25%，这样的人总是不能在相应的工作时间里完成任务。

37 分及以上：非常严重的拖延，约占人群的 10%，“明天吧”是他们的口头禅。

不给自己任何借口

如果你一开始就不找任何借口，尽力完成自己的事，那么总有一天，你就能随心所欲地从事自己想要做的事。

牛顿第一定律说，任何物体在不受任何外力的作用下，总保持匀速直线运动状态或静止状态，直到有外力迫使它改变这种状态为止。人，也不例外。生活中，这个“外力”至关重要，好的想法或者完美的执行，都源自这个改变状态的“外力”。可是，借口却让这个至关重要的动作成为停留在脑海中的想象。

例如，不管是在学习、生活还是工作中，我们总能听见“借口”在耳畔窃窃私语：上学、上班迟到了，会有“闹钟没响”“手表停了”“路上堵车”等诸多的借口；考试挂科、工作无业绩，会有“我没有他幸运”“我没有他有背景”“我已经尽力了”等很多借口……只要有心去找，就会有成千上万条借口在那儿声援你、响应你、支持你，它们好像是“理智的声音”“合情合理的解释”，冠冕而堂皇。于是，我们的理想、任务，就连一次小小的约会都会被所谓的借口拖延、打折扣、甚至永远没有完成，成为人生中的遗憾。

实际上，借口就是一个掩饰弱点、推卸责任的“万能器”，就是一个敷衍别人、原谅自己的“挡箭牌”。不管那些借口有多合理，它们都是阻挡我们成功的绊脚石。要想成功，就不要给自己找任何借口。

对一个芭蕾舞演员来说，十九岁，既是人生的花季，又是舞台生涯的巅峰之际。然而，女孩却在这时被确诊为视网膜脱落。更加不幸的是，手术之后，她仍然无法恢复正常视力。并且，医生建议她卧床一年，叮嘱她不能练习抬腿绷脚尖，不能扭头，同时需要控制脸部表情，才能达到调养效果。

但是，芭蕾舞却是每天都需要练习：一天不练自己知道，两天不练同行知晓，三天不练观众明白。一年不练，就意味着在芭蕾艺术里等待女孩的是一条死亡之路，她心急如焚。在女孩的苦苦哀求下，爱人只得辞去工作，陪伴在她身边。每天，她让爱人的手指替代脚尖，在自己的胳膊上表演古典芭蕾剧目。一天又一天，一月又一月，虽然她不曾登台表演，但内心的那份感觉却真实地存在。

一年过去了，女孩重新登上舞台，一下子就找到了久违的自己。她手持纱巾，翩翩起舞，尽情出演了《吉赛尔》《天鹅湖》《胡桃夹子》《海盗》《卡门》等经典芭蕾舞剧。她凭着精湛的舞技，获得了鲜花和掌声，受到人们的好评。

可是，就在女孩表演事业蒸蒸日上之时，不幸再一次降临：她的视力一再下降，连仅有的一只眼睛视力也模糊了。爱人劝她放弃芭蕾舞，可倔强的她又选择了双人舞。因为在双人舞舞段中，一般规则是由男演员来引导女演员。在舞台上，她的舞伴都是精确定位，引导着她婀娜多姿的舞步，而台下的观众根本不会觉察到舞台上的她视力有问题。功夫不负有心人，女孩用自己的坚持和激情燃烧了半个世纪。2010 年 7 月 9 日，她摘取了西班牙巴勃罗艺术大奖。而她呕心沥血打造出的古巴国家芭蕾舞团，也成为世界十大顶尖芭蕾舞团之一。

她，就是赫赫有名的阿隆索！当她双目失明的事实被媒体曝光时，阿隆索再度成了人们心目中的奇人，每当记者好奇地追问“为什么双目失明还能取得如此佳绩”时，阿隆索总会淡淡一笑说：“不给自己任何借口，将借口踩在脚下，翩翩起舞，也就一路走到了今天……”

“不给自己任何借口”，多么似曾相识的一句话。其实，我们每个人都可能不止一次地从父母、师长、朋友那里听到过，但更多的时候我们把这句话当成耳旁风，取而代之的是诸如不能、不行、因为、如果之类的种种借口。这些借口，其实就是拖延的温床，它让很多本可以立刻得到解决的问题拖延很久。找借口的人总认为时间还很多，手边的事情可以暂时不用做，因为他们内心里并不愿意立刻付出行动，如果每一件事情都可以暂时搁置起来，也就可以无所事事了。

或许大多数人找借口只是习惯性地为自己开脱，并没有想到其中的危害性。要知道，借口会让我们不思进取，会让我们消极颓废，会让我们在遇到困难和挫折时下意识地选择退让。久而久之，一个生机盎然的人会在这样那样的借口下，变成一个碌碌无为的懦夫。

所以，不要再给自己找任何借口了。这样，你就会比别人多很多可以思考的时间。利用这个时间，你可以去积累经验，去设想未来，去改正过去的错误。利用这些时间，你还可以养精蓄锐、蓄势待发。不找任何借口，你就可以没有私心杂念、全力以赴地做事。不找任何借口，你就可以更好地挖掘自身的潜力，做别人不能做的事情。不找任何借口，朝着一个目标前进，你做事的效率会更高。不找任何借口，你成功的机会也会越来越多。

不给自己任何借口，只有让自己没有退路，没有选择，让心灵时刻承载着巨大的压力去拼搏，去奋斗，置之死地而后生，只有这样，我们内心深处的潜能才会最大限度地发挥出来。记住：想把手边的事情放下，吃块饼干或站到窗边看风景时，要立刻对自己说：没有借口，不要等待，马上去做。

延伸阅读：消灭你所有的借口

其实，要想消灭所有的借口，方法很简单，那就是——马上行动。尽量缩短“念头”和“行动”之间的距离。例如：

你很想找一些老同学联谊，这个念头一起，立刻取出电话簿，开始联络；你很想学艺术摄影，那么立刻拜师学艺，并且将作品寄给报社或杂志社投石问路；你很想参加公司的专业课程训练，那么，立刻报名，并且积极调整周遭事项；你想到北京大学旁听，那么，立刻打电话到北大教务处询问课程教室；你很想尝试一个新行业，立刻进行对该行业的了解，与从业者交换意见……

这些“念头→行动”的练习，就是一种“行动爆发力”的训练，也就是积累“自主力”的一些小过程，我们极需要在这样尝试和适应的过程中，训练自己做事时不找任何借口，随时在思考、行动中，把生活带动得更有朝气、更具活力。

放手去做

想得好是聪明，计划得好是更聪明，做得好是最聪明。

你想象中的成功是什么样子？一个天才的想法，一份美妙的计划，然后演绎了一段完美的传奇？

但事实上，所有的成就都是在行动中完成的。想，固然重要，但想是为行动服务的，想好了，想通了就要去做，去行动！正如一位哲人所说：“我们生活在行动中，而不是生活在岁月里。”光有富有创造力的想法却不积极行动，想法永远只能停留在想法，只有去实践、去探索、去承受失败和挫折，成功才会离你越来越近。

发现新大陆，让哥伦布成为了意大利著名的航海家。在不久之后西班牙的一次欢迎会上，有位贵族突然口出狂言：“发现新大陆没什么了不起，这不过是件谁都可以办到的小事，根本不值得如此张扬。”他接着说道：“哥伦布不过就是坐着轮船往西走，再往西走，然后在海洋中遇到一块大陆而已。我相信我们之中的任何人只要坐着轮船一直向西行，同样会有这个微不足道的发现。”

不过，那位贵族的这番“高论”，并没有引起哥伦布丝毫的尴尬。他漫不经心地从身边的桌子上拿起一个煮熟的鸡蛋，微笑着说：“请各位试试，看谁能够使鸡蛋小头朝下，并竖立在桌子上。”

在座的所有人用尽了办法，也没有一个能成功的。只见哥伦布拿起手里的鸡蛋，用小头往桌上轻轻一敲，鸡蛋便稳稳竖立起来了。那位贵族立即说：“用这种方法，我也做得到。”

哥伦布缓缓起身，很有风度地环顾着在座的每个人说：“是的，世界上有很多事情做起来都非常容易，不过其中最大的差别就在于：我已经动手做了，而你们至今也没有做。”

或许你觉得那位贵族十分可笑，但是我们自己又何尝不是如此？在生活中，多少人在感叹人生怀才不遇，多少人在抱怨人生不尽如人意，又有多少人躺在舒服的床上，规划着光明的未来。他们有一个共同点，那就是只是感叹、只是抱怨、只是规划，却不去行动！

其实，芸芸众生中，真正的天才与白痴都是极少数，绝大多数人的智力都相差不多。然而，在走过漫长的人生道路后，人们的命运却差异很大：有的人成就显著，有的人却碌碌无为。本是智力相近的一群人，为何他们的成就却有天壤之别呢？原来，成功人士与平庸之辈最根本的差别并不在于天赋，也不在于机遇，而在于有没有实现自己人生目标的行动！看看那些本该事业有成，却一事无成的人，我们就会明白，正是因为缺乏积极有效的行动，才导致了现在的局面。

要知道，再多的智慧，再多的奇思妙想，如果不用在行动上，都是毫无意义的。虽然想法很重要，但是它只有在被执行后才有价值，想法本身并不能带来成功。一个被付诸行动的普通想法，要比一打被你放着“改天再说”或“等待好时机”的想法来得更有价值。而且，一个没被付诸行动的想法在你的脑子里停留得越久就越会变弱。过些天后，其细节就会变得模糊起来。几星期后，你就会把它全忘了。而行动，却可以使看起来困难的、复杂的事情变得简单，可以让远在天边的成功变得触手可及。

在实践中，你可以实现很多的想法，并在其过程中产生更多新的想法。

然而，在现实生活中，很多人还是心动的时候多，行动的时候少，梦想着成功，却没有付诸行动。有一个幽默大师曾说："每天最大的困难是离开温暖的被窝走到冰冷的房间。"他说得不错。其实成功往往也就差那一小步，迈出去你的人生或许会因此改变。关键要看你愿不愿意迈出这一步！事实上，你不必担心，也不要低估自己的创意。很多人的成功一开始也是来自那些看起来并不怎样的想法，但是抱着试一试的心理，说不定就会获得意想不到的结果。不要轻视自己的能力，只要肯踏出付诸行动的第一步，再一步一步往前走，就会有成功的希望。而且，当你能够长期约束自己这样去做的时候，你便养成了一种强而有力的习惯，在紧要关头或有机会时便会"立刻掌握"。

我们的青春有限，甚至可以说我们在世的时间也不见得足够完成一切想做的大事情。因此，我们实在不该一直漂浮不定、彷徨迟疑、延迟耽搁，也不该迟迟不采取行动，必须把握有限的光阴，善加利用。假如我们对某项工作已有所准备，就该去做。不要有任何的拖延，不要顾虑会产生什么样的不良后果，只要还有时间、有精力，就必须身体力行。也许，由于付诸行动，使我们的准备更加周全，能力也获得增强，到了最后，竟变成最成功的人。

那么，你还等什么？一旦你押上了青春的全部赌注，整个世界都会为你让路！只要自己认为是可行的事，就大胆地去做，用行动来证明。每当你憧憬美好的成功时，每当你希望自己徜徉于梦想成为现实之中时，就要提醒自己：成功，不仅要心动，更需要行动。没有行动，也就没有梦想之花的绽放；没有行动，也就没有成功的甜蜜与满足。

延伸阅读：如何激励自己行动起来？

青春本是梦的年代，梦也是成功的起点。但是如果过度沉迷于幻想则适得其反。把你的思想变成一种行动，这样才能够从虚幻的影子中走出来，用更清澈、明晰的双眼去看前方的道路；而不是终日沉醉于梦幻中任凭岁月蹉跎。

1. 衡量：通过算清楚行动起来的好处和不行动的害处，我们就能开始行动。

2. 定时：在确信自己应该行动起来之后，心中要产生一种紧迫感。不要选择最后的时机开始行动，而应先问问你自己："我最快什么时候能开始？"

3. 笔记：把自己的行动计划变成白纸黑字，能鞭策自己行动。

4. 分解：把你的想法分成很多小的部分，这样就可以分阶段执行。风险越小的想法越有可能得到实现。

5. 公布：把你的目标公之于众，可以给自己增加一点鞭策力。

6. 逼迫：不要坐等自己想动时才动；不要等到看清楚每个问题的解决办法之后才开始干……逼自己一把，你的感觉会跟着你的行动走。

完美情结作祟

不要等到万事俱备以后才去做，世界上永远没有绝对完美的事情。如果你真的要等所有条件都具备以后才去行动，就只能是永远地等待下去了。

中国有句俗语叫"万事俱备，只欠东风"，而我们也总觉得"万事俱备"会降低我们做事的出错率。当然，希望自己所做的事情尽善尽美，这也无可厚非，甚至很多时候，它确实让许多人走上了成功之路，然而，更多的人则是因此而失去了行动力。我们将很多事情搁置一边，理由就是我们不具备某一条件。最终的结果就是，我们在等待"万事俱备"的过程中，碌碌无为地走过了最美好的青春时光，甚至走完了这一辈子。

生活中，这样的事你随便就可以找出一大堆：搬了新家窗帘还没有装，所以没请朋友来家里玩；这篇文章的构思还不是非常成熟，所以还没有写；看好的股票原想等它跌到5块再买，所以迟迟还没有买……归纳一下你会发现，你一直在等待所谓的条件完全具备，你好将它做得尽善尽美。可是，你也许还会发现社会上同样的事情有些人的方案或者条件还不如你的成熟，但他们的成果已经问世，或者已经赚了大笔钱。你又会因此而烦恼。造成这种状况的根本原因就是"完美主义情结"在作祟。

事实上，世间的事情没有一件是绝对完美的。"万事俱备"只不过是"永远不可能做到"的代名词。成功的人并不是在问题发生以前先把它统统消除，而在发生问题时，有勇气克服种种困难。我们对于一件事情的完美要求必须折衷一下，这样才不至于陷入行动以前永远等待的泥沼中。

20世纪70年代，有两个年轻人几乎同时到芝加哥谋生。一个是美国加州萨德尔镇的法兰克，一个是落基山脉附近的斯特福。

法兰克家境十分贫寒，上不起学，他只好去繁华的芝加哥城，希望找到一个出路。可在城里转了好几天，法兰克也没找到一处容身之所。当他看到大街上不少人以擦皮鞋为生时，他也买了把鞋刷给人擦皮鞋。半年后，法兰克觉得擦皮鞋既辛苦又不赚钱，便将擦皮鞋赚来的一点微薄积蓄租了一间小店，边卖雪糕边给别人擦鞋。雪糕生意比擦鞋强多了，欢喜之余，他在小店附近又开了一家小店，同样是卖雪糕。谁知雪糕生意一天比一天好，后来他干脆不擦鞋了，专门卖雪糕，并将父母接到城里给他看摊，还请了两个帮工。如今，法兰克的"天使冰王"雪糕已拥有全美70%以上的市场占有率，在全球60多个国家里拥有超过4000多家的专卖店。

而斯特福的父亲是位富有的农场主，农场主送自己的儿子上了大学，还读了研究生，他希望自己的儿子能成为一位大商人。就在法兰克拿着刷子在大街上给别人擦鞋的时候，斯特福正住在芝加哥最豪华的酒店里进行自己的市场调查。耗资数十万，经过一年多时间的周密调查和精确分析，斯特福得出的结果是：卖雪糕。而法兰克此时已经拥有了数家雪糕专卖店。但是，当斯特福将自己调查的结果告诉父亲时，农场主气得差点晕倒，他怎么也想不到，他的研究生儿子眼光居然浅薄到了卖雪糕的程度。斯特福经过再次对市场的精确调研后，还是觉得只有卖雪糕才是最好的生意。又过了一年，斯特福终于说服了自己的父亲，准备打造雪糕连锁店。而此时法兰克的雪糕店已经遍布全美。最终，斯特福无功而返。

世界上没有什么成功是通过周密的计划得来的，都是一步一步通过实践得来的。有许多被动的人一辈子也没有体会到成功的愉悦和激情，就是因为他们一定要等到每一件事情都百分之百的有利、万无一失时才去做。那么，他们就只能永远等下去，并将机会拱手让给他人。

如今很多的年轻人，也像故事中的斯特福一样，大都是在顺境中长大的，物质丰富不说，从来也不缺乏掌声和赞扬。进入社会工作以后，他们对自己的定位也比较高，有些完美主义者的倾向，一心要等待一个绝佳的机会，干出一件让人刮目相看的大事来。岂不知“万事俱备”，只欠那一阵“东风”闪亮登场的机会，在现实中少而又少，当你等白了头发的时候，那些具有实干精神的“法兰克们”已远远地跑在了前面。

企盼“万事俱备”后再行动，事情也许永远没有“开始”。人们往往在事情到来之时，总是先有积极的想法，然后头脑中就会冒出“我应该先……”，这样一来，一条腿就陷入了“万事俱备”的泥潭。一旦陷入，你将顾虑重重，不知所措，无法定夺何时开始，时间一分一秒地浪费了，你陷入失望的情绪里，最终只有以懊悔面对仍悬而未决的事情。相反，你若立即进入事情的主题，将会惊讶地发现，如果拿浪费在“万事俱备”上的时间和精力处理手中的事情，往往绰绰有余。而且，许多事情你若立即动手去做，就会感到快乐、有趣，增加了成功的概率。

有关心理学研究也证明，试图达到完美境界渴望度与人们获得成功的机会成反比。过分追求完美会给人带来莫大的焦虑、沮丧和压抑。事情刚开始，就在担心着失败，生怕干得不够漂亮而辗转不安，这就妨碍了自己全力以赴去取得成功。而一旦遭到失败，又会异常灰心，想尽快从失败的境遇中逃避。这样，没有从失败中获取任何教训，而只是想方设法让自己避免尴尬的境地。

所以，我们不必等到准备得完美无暇，也不必等到一切都安定平稳，才做自己想做的事。著名科幻小说家弗雷德里克·波洛说过，不要幻想自己一开始就写得很“精彩”，起码在头脑中，在还没有写到纸上之前是这样。你要先把它写下来，然后，你就能有一个明确的东西，可供你去改写、去修正、去提高……先干起来吧！

延伸阅读：如何克服完美主义导致的拖延问题？

1. 找到根源：看看你的完美主义拖延行为是否与童年创伤有关。

2. 检查目标：设定的目标一定要真实可及。

3. 调整目光：享受做事情的过程，而不执著于最终的结果。

4. 重新定义：正确看待失败，不把事情的“成败”与“我”的价值对等起来。

5. 控制情绪：不因自己不能高标准地完成某项任务而破罐子破摔，彻底放弃。

6. 立即行动：先开始再说。

7. 自我鼓励：学会激励自己而非谴责自己，为自己阶段性的胜利而庆祝。

与你的惰性战争

时间给勤勉的人留下智慧的力量，给懒惰的人留下空虚和悔恨。

“这件事我一定要做了”……“真的要做了”……“也许可以再等一会儿”……“先休息一下，看会儿电视，上会儿网，聊会儿天”……

“还是明天吧，我明天一定能做完”……你是不是也有过类似的“心路历程”？一些事情需要自己尽快完成，而惰性却总是占了上风。

其实，人人都有惰性，甚至可以说懒惰正是人的本性，它的集中表现就是拖拉。心理学家乔治·哈里森就曾说过：“拖延是一种不能按照自己的本来意愿行事的精神状态，是缺乏意志力的表现。”它让本来可以完成的事不立即完成，今天推明天，明天推后天。“今天不为待明朝，车到山前必有路”，结果，事情没做多少，美好年华却在无休止的拖拉中流逝殆尽了。

相信寒号鸟的故事大多数人都听过：

在古老的原始森林里，住着一群快乐的鸟儿。在每个阳光明媚的日子里，鸟儿们都欢快地歌唱，辛勤地劳动。

其中，有一只有着漂亮羽毛和嘹亮歌喉的鸟，叫寒号鸟。她觉得自己是天底下最漂亮的鸟，连凤凰也不能同自己相比，于是每天到处卖弄自己的羽毛和嗓子。

秋天到来，鸟儿们都各自忙开了，它们有的开始结伴飞到南边，准备在那里度过温暖的冬天；有的留下来，整天辛勤忙碌，积聚食物，修理窝巢，做好过冬的准备工作。只有寒号鸟，既没有飞到南方去的本领，又不愿辛勤劳动，仍然是整日东游西荡的，还在一个劲地到处炫耀自己身上漂亮的羽毛。有好心的鸟儿提醒它说：“快垒个窝吧！不然冬天来了怎么过呢？”寒号鸟却轻蔑地说：“冬天还早呢，着什么急！趁着今天大好时光，尽情地玩吧！”

冬天眨眼就到了。鸟儿们晚上躲在自己暖和的窝里安乐地休息，而寒号鸟却在寒风里冻得发抖，用美丽的歌喉悔恨过去，哀叫未来：“哆啰啰，哆啰啰，寒风冻死我，明天就搭窝。”

可是第二天，太阳出来之后，沐浴在阳光中的寒号鸟却完全忘记了昨夜的痛苦，又快乐地歌唱起来。

那只好心的鸟儿又劝他：“快垒个窝吧，不然晚上又要发抖了。”寒号鸟还是嘲笑地说：“不会享受的家伙。”于是，晚上来临时，寒号鸟又得重复着和昨天晚上一样的故事了。

就这样重复了几个晚上之后，大雪突然降临了。当天晚上，鸟儿们却奇怪的没有听到寒号鸟发出“哆啰啰”的叫声。原来，寒号鸟早已被冻死了。

现实生活中，也存在一群这样的“寒号鸟们”，他们终日游手好闲、无所事事，也许不至于被冻死，但对比一下就可以发现，他们的生活水平和人生状态，是远远不如其他人的。为了贪图一时的安逸，而让自己的人生步入一种蹉跎乃至停滞的状态，实在是不值得的。

正如《颜氏家训》中所说：“天下事以难而废者十之一，以惰而废者十之九。”懒惰，从某种意义上讲就是一种堕落，它就像一种精神腐蚀剂一样，慢慢地侵蚀着你。一旦背上了懒惰的包袱，你就为自己的生活掘下了坟墓。因此，任何时候你都必须与自己的惰性抗争，超越这种人类本性的钳制。

事实上，古往今来，许多成功的人，也正是因为战胜了惰性才取得了成就。例如：法国作家雨果在1830年的时候曾经和一个出版商签订了合同，并答应出版商在半年里写出一部成功的作品。为了保证自己能把全部的精力都放在工作中，以便如期完成任务，他只留了一件身上穿的毛衣，然后把其他衣服都锁在一个箱子里，并把钥匙丢到河里。对此雨果的解释是：这样自己就拿不到外出时需要穿的衣服，也就断了和朋友外出或游玩的想法。从那天起，他除了吃饭和睡觉外，就一头扎进了白纸黑字间，最后作品完成的时间比出版商预期的要快两周。虽然这部作品仅用了5个月的时间就完成了，却获得了巨大的成功，这部作品就是后来闻名于世的《巴黎圣母院》。还有，世界文学巨匠列夫·托尔斯泰，年轻时也曾是一个懒惰的人。为克服惰性，他采取了两条措施：一是天天做体操，二是每晚睡前记日记。这两条措施，他一直坚持到八旬高龄，日记坚持记到他逝世前4天。正是他坚持不懈地克服了惰性，养成了毕生勤奋的习惯，才有了《复活》《安娜·卡列尼娜》等伟大著作，并成为文坛巨星。

其实很多时候，人生就是一场自我与自我的战争。一方面，我们追求上进，渴望成功，一直有着自己的理想和追求。而另一方面，又有另一个自己、懒惰、享乐主义，跳出来引诱我们、打击我们。谁能够战胜那个懒惰的自己，谁就是最后的赢家。

要战胜惰性，可以首先从改善环境入手。因为人们习惯的养成，往往与长期所处的环境是密不可分的。例如，如果早上总是懒得起床，那就坚决把闹钟放到你不起来就关不掉的地方。类似的，也把学习、工作的环境设置得有防止懒惰、充满干劲的气氛；也可以用欲望和兴趣来激发自己避开诱惑。例如，在学习或者工作时，找到自己最感兴趣的部分，任外界多么诱人的引诱，就能充耳不闻。还可以尝试用无情的自我惩罚来约束自己。例如国外有种“橡圈弹痛法”，即当你又犯了懒惰的坏毛病时，立即拉弹预先套在手腕上的一根橡皮圈，疼痛的刺激可以帮你抑制和消除惰性。与有干劲和激情的人交往并请他们监督自己，也是一个战胜惰性的有效方法。此外，不妨把改掉懒惰的决心告诉他人，请他们给予监督。

当然，要战胜惰性，最根本的方法还是要战胜自己的内心。我们需要时刻检查自己，督促自己，克服自身的惰性、动摇性，也只有那些真正懂得人生价值和意义的人，才能真正自觉地鞭挞自我，克服惰性。其实青春真的很短，没有多少时间可以允许我们浪费，时时刻刻都需要让一种紧迫感来督促自己，“要活得好像明天就要死去一样”，切莫待明朝，万事成蹉跎。

延伸阅读：（10＋2）×5时间管理法

“10”是指：保证在10分钟内全心全意地只做一件事情，将自己的精力、注意力完全地投入到该事情的处理之中，等10分钟到了再休息。

“2”是指：10分钟一到，就让自己休息两分钟，在这两分钟里干什么都行，比如：喝喝茶、上上网等。但是两分钟一过，就必须立刻结束休息，马上回到100%投入的工作状态，开始处理列表中的下一件事。

“5”是指：将一个小时分成“10分钟专注工作和两分钟休息”的5次循环。

只要你将这一方法贯彻执行，你就能够度过充实高效的每一小时，你就能逐步摆脱做事拖延的坏毛病，而且，你不仅不会因为没有“偷懒”而觉得疲惫，相反的，你会因为事情完成后带来的成就感而感到快乐。

再聪明的人也玩不过时间

如果你不能管理时间，便什么也不能管理。

“珍惜时间。”几乎所有人都知道并喜欢这则智慧箴言，但是却很少有人能将其变成自己的思想信念和价值信条，并永远融入自己的血液中。

那么，时间对于我们来说到底意味着什么呢？

或许在意大利作家迪·布扎蒂的散文《虚度的时光》里，你可以自己找到答案：

埃斯特·卡西拉买了一幢豪华别墅。此后，他每天下班回来，总看见有个人从他花园里扛走一只箱子，装上卡车拉走。

他还来不及叫喊，那人就走了。这一天他决定开车去追。那辆卡车走得很慢，最后停在城郊的峡谷旁。

卡西拉下车后，发现陌生人把箱子卸下来扔进了山谷。山谷里已经堆满了箱子，规模样式都差不多。

他走过去问：“刚才我看见您从我家扛走一只箱子，箱子里装的是什么？这一堆箱子又是干什么用的？”

那人打量了他一眼，微微一笑说：“您家还有许多箱子要运走，您不知道？这些箱子都是您虚度的日子。”

“什么日子？”

“您虚度的日子。”

“我虚度的日子？”

“对。您白白浪费掉的时光、虚度的年华。您曾盼望美好的时光，但美好时光到来后，您又干了些什么呢？您过来瞧瞧，它们个个完美无缺，根本没有用过。不过现在……”

卡西拉走过来，顺手打开了一个箱子。

箱子里有一条暮秋时节的道路，他的未婚妻格拉兹正在那里慢慢地走着。

他打开第二个箱子，里面是一间病房，他弟弟约苏躺在病床上在等他回去。

他打开第三只箱子，原来是他那所老房子。他那条忠实的狗杜克卧在栅栏门口等他。它等了他两年了，已经骨瘦如柴。

卡西拉感到心被什么东西夹了一下，绞痛起来。陌生人像审判官一样，一动不动地站在一旁。

卡西拉说：“先生，请你让我取回这三只箱子吧，我求求您。起码还给我三天吧。我有钱，您要多少都行。”

陌生人做了个根本不可能的手势，意思是说，太迟了，已无法挽回。说罢，那人和箱子一起消失了。

夜幕悄悄降临，把大地笼罩在黑暗之中。

是的，这就是时间的真谛。世间最珍贵的就是时间，在所有的资源中，只有时间不同于其他资源，它没有弹性，找不到代用品来替代，而且时间永远是短缺的。时间既不能停止，也不能保存。最长的是它，因为它永无穷尽；最短的也莫过于它，因为很多的计划我们都来不及完成；在等待的人，时间是最慢的；在作乐的人，时间是最快的；它可以扩展到无穷大，也可以分割到无穷小；当时谁都不加重视，过后谁都表示惋惜；没有它，什么事情都做不成；不值得后世纪念的，它都令人忘怀；伟大的，它都使其永垂不朽。

然而，现实生活中，总有一些人存在“欺骗自己”的不良状态，尤其是觉得自己还有大把时间可供挥霍的年轻人，他们总认为只要今天过得快乐，那么今天的事情明天再做也不迟。这样一而再，再而三的拖下去，他们终究一事无成。

事实上，我们每个人从一出生开始，生命就已经进入了倒计时，浪费时间就是浪费生命。美国著名学者伯纳德·伯伦森过 90 岁生日时，有人问他："你最珍惜什么？"而他的回答是："我最珍惜时间，我愿意站在街头，手中拿着帽子，乞求过往的人把他们不用的时间扔在里面。如果你已经明白时间第一，它是我们生命中最宝贵的资源，告诉你一条有关时间的重要原则，那就是：今天最重要。珍惜时间最重要的是我们对待事件的态度，如果我们真心在意，就会着手去做，立刻就开始，绝不拖拉到明天。"其实，翻阅所有伟大人物的经历，我们会发现每一段都是和时间赛跑的历史。例如，我国伟大的文学家鲁迅，视时间如生命，30 多年笔耕不辍；美国大的发明家爱迪生，常常连续工作好几天，创下了 100 多项发明；法国著名小说家巴尔扎克，更是每天奋笔疾书十六七个小时，即使累得手臂疼痛，也不浪费一丁点时间……因为他们知道，失去了时间就永远无法翻本，而利用好时间就是赢得了最大的资本。

所以，永远不要再放纵自己将人生之船搁浅了。不做时间的主人，就要做时间的奴隶；若不利用时间，时间就会把你耗尽。因为时间不会等着你的下一步行动，你一旦停下来，踏上的就只能是毁灭的开端。试问，春天交了白卷的人，到秋天，还有资格唱丰收之歌吗？

总之，再聪明的人也玩不过时间。无论你的本领有多高，学识有多深，气势有多大，脑子有多灵通，要想取得更大的成果或者成功，就必须对时间管理予以重视，而且必须对时间进行有效的管理，才能以旺盛的精力和不屈不挠的奋斗精神，正确地面对生活，面对未来。

延伸阅读：管理时间有方法

1. 事先谨慎地制定出时间表，养成"凡事预则立"的观念。如果能够制定一个简洁且高明的时间表，你一定能充分地利用时间。其中最重要的一点就是期限问题。做事应该有个期限，有期限才有紧迫感，也才能珍惜时间，设定期限是时间管理的重要标志。当然，这个期限不要定得太松，也不要太紧，应该留点适当的时间来应付无可避免的干扰。

2. 把时间分成一段一段利用。

3. 始终做最重要的事。时间管理的精髓在于分清轻重缓急，设立优先原则。成功人士都是用分清主次的办法来统筹时间的，要把时间用在最有“生产力”的地方。

马上行动，一分钟也不耽搁

成功者不是比你聪明，只是在最短的时间采取最合适的行动。

关于如何成功的话题，我们实在是听了很多、看了很多。

有人说，成功最重要的是目标，所谓“心有多远，就能走多远”。因为目标可以指引方向，可以不断激励我们奋进。但是有了目标，将其束之高阁，学习、事业依然毫无所获。于是又有人说，成功最重要的是毅力，俗话说，“滴水穿石”，只要自己有了顽强的毅力，拿出“愚公移山”的精神，又有什么事情办不到呢？但是，什么时候才能办到呢？这又是一个问题。于是，又会出现一个声音，成功最重要的是方法。所谓“工欲善其事，必先利其器”，好的方法可以起到事半功倍的效果。但是，那些总是在“目标、方法”中寻觅的人，却始终一无所得。直到最后，我们才发现，原来最重要的是行动，马上行动！

在纽约的百老汇中，曾经有一位年轻而富盛名的演员，名字叫做安乐尼·吉娜。安乐尼·吉娜之所以成名，完全得益于马上行动。

安乐尼·吉娜还在上大学的时候，就是大学艺术团里的歌剧演员。

那时候的安乐尼·古娜就曾经向人们展示了自己美丽的梦想：她要在大学毕业后先去欧洲旅游一年，然后去百老汇成为一位优秀的主角。

同学们都为她的这个梦想而赞叹。有一天，安乐尼·吉娜的心理学老师问她："你旅游后去百老汇跟毕业后直接去有什么差别吗？"安乐尼·吉娜仔细一想，也对，旅游并不能为自己争取到去百老汇的工作机会，而且还耽误了时间，一点也不值得。于是她告诉老师自己会在一个月后去百老汇闯荡。

没想到老师在听了她的话后，又冷不丁地问她："那么你现在去跟一个月以后去有什么不同呢？"安乐尼·古娜听到老师这么说，于是改口道："那我准备一下，下星期就出发。"没想到老师一点也不迁就她，说："为什么要等到下星期动身呢？在哪儿都可以买到生活用品，为什么要在这里准备呢？"

安乐尼·吉娜想了想，最后说："好，那我明天就去。"这时候老师才赞许地点点头道："那我现在马上帮你订好明天的机票。"

第二天，安乐尼·吉娜登上了飞往纽约的飞机。而此时，百老汇的制片人正在酝酿一部经典剧目，来自各国的几百名演员都在争取角色。安乐尼·吉娜一到百老汇，就抓住了这次机会，费尽周折地从一个化妆师手里拿到了将排的剧本，然后在以后的两天里，她闭门苦读，悄悄演练。在初试那天，安乐尼·吉娜以精心的准备和娴熟的演技而出奇制胜，从而顺利地进入了百老汇，穿上了她演艺人生中的第一双红舞鞋。

其实，每个人的一生，尤其是在青春岁月中，都有着无数憧憬、理想或计划，假如每个人都能够将自己的这些憧憬、理想与计划，快速加以执行，那么，人生不知道会有多成功！

然而，有很多人，包括正在看这本书的你，都可能时常在脑海中闪过想去做某件事的念头，但又往往就此打住，因为下一个出现的讯息，往往是你告诉自己：明天开始吧！下周再来吧！下个月！明年……诸如此类的自我告知。有的人也许确实在"明天"行动了，这也未尝不可，因为能够在明天真正行动起来的人，也一定是因为"今天"有需要做的事，而不是因为畏难、懒惰等原因而把事情拖延到“明天”的人。但更多人口中所谓的“明天”则遥遥无期、永不到来。

有位哲人就曾经说过这样一句精辟的名言：“毁灭人类的方法非常简单，那就是告诉他们还有明天。因为告诉他们还有明天，他们就不会在今天努力了。”是的，明天，是拖延者们给自己的心理安慰。他们习惯性地把今天要解决的事拖到明天，希望明天一切都会好转。如果说一件事不存在截止期限的话，那么拖延自然是再美好不过的事情，因为总会有明天。可大多数情况下，一件事总会有期限，这就跟牛奶、咖啡有保质期是一样的。人要想有所成就，必须要牢记这一点：凡是自己决定要做的事，不管它是什么事，都要立刻动手去做。这样，在相同的时间内，用同样的精力就能做尽可能多的事情。立刻动手。这不仅仅省去了记忆、记载或从头再干的工夫，而且可以解除把一件事总挂在心上的思想包袱。

事实上，纵观历史我们也会发现，每一个成功者都是及时行动的奉行者。例如世界著名的推销员汤姆·霍普金斯，在被问到“成功的秘诀到底是什么”时，就曾这样回答：“马上行动！事实上我每天都要一遍遍地重复这句话，直到它成为习惯和行为本能。我早上一睁开眼睛就要说这句话：马上行动！免得‘再多睡一会儿吗’占据我的脑海。当我出门推销时，我就立刻开口说这句话：马上行动！免得‘客户会拒绝你’占据我的思想。当我站在客户的门口，就立刻开口说这句话：马上行动！免得‘犹豫不安’占据我的斗志和信心。成功是不会等人的，就在此时此刻，马上行动，绝不放弃，全力以赴！”

其实，我们有很多好计划没有实现，只是因为应该说“我现在就去做，马上开始”的时候，却说“我将来有一天会开始去做”。想一想，有哪些事是你一直想做却迟迟未做的？有哪些事是你曾经想做，却一直未曾真正做过的？有哪些事，是你做了一半，没有坚持下去的？现在，请在你的笔记本、纸或书上将它们全部写出来，任何一件对的、有意义的事，都值得你当下立即去做。

永远记住：当你有了人生的梦想之后，就应该马上为之努力，如果一味地等待下去，就只能空度一生了。

延伸阅读：给你算一笔时间账

假如你能活70岁：

用来睡觉的时间是：按每天8小时算，70年来，睡觉的时间共有23年4个月。那么，你还剩下46年8个月的时间处于清醒状态。

用来吃饭的时间是：按每天吃早饭用20分钟，吃午饭用40分钟，吃晚饭用1小时算，70年来，用来吃饭的时间是5年10个月。那么，你还剩下40年10个月的时间可以做其他事情。

用来洗漱的时间是：按每天用去2小时算，70年来，你搞个人卫生用掉5年10个月的时间。那么，你的人生还剩下35年的时间。

用在路上的时间是：按每天4小时算，70年来，你走路、买东西共花去11年8个月。那么，你还剩下23年4个月的时间。

用来闲聊的时间是：按每天用来和别人闲聊的时间为3小时算，70年来，一共为8年9个月。那么，你的人生还剩下14年7个月的时间。

用在医疗上的时间是：按每年用在看病、吃药、特别护理等事项上的时间为12天算，70年来，花掉的时间共为2年3个月。那么，你还剩下12年4个月的时间。

用来闹情绪的时间是：按平均每年用在与别人发生口角、因不顺心而烦恼，以致不能做正经事的时间为10天算，那么70年来，花掉的时间共为1年10个月。这样，你人生就仅剩下10年6个月的时间。

如此算来，你只有10年半的时间可以用来为社会做些事，当然，前提还得是你能活到70岁。

那你还等什么呢？

二、别怕
——青春最大的优势就是经得起失败

青春的可贵并不是因为那些年轻时光，而是那颗盈满了勇敢和梦想的心，不怕受伤，不怕付出，不怕失败。

“败叶”正是成才的营养

酸甜苦辣都是营养，成功失败都是经验。

几乎每一个人都习惯性地期望自己的人生可以一帆风顺：“前进的道路上没有失败是一件多么幸福的事啊！”但事实上，这是不可能的。尤其是在青春年华奋斗的过程中，因为缺少经验、缺少人脉、缺少钞票……所以，命运总是为我们设下更多障碍，让我们去经历种种失败的打击。遭受失败打击的人，会觉得所有的能量和力气似乎一下子都没有了，剩下的就只有悲伤、失意、绝望以及几乎是压倒人的疲惫不堪和失望渺茫。不过，如果我们可以走过去，再回首，就会发现自己走过的路是神圣的，那时的失败竟变成了自己人生中的一笔财富，闪耀着金色的光芒。

其实，从这个意义上来说，世界上根本就没有所谓的失败，除非你自己如此认定。那种经常被视为是失败的事实际上也只不过是暂时性的挫折而已。暂时性的失败实际上并不可怕，相反如果你心态积极，倒完全可以把它看作是吸取了一种经验——目前的做法不可行，就转变方向，向着不同的但更美好的方向前进——如果有了这种想法，无论你做任何事情都会成功。

几年前，教授给毕业班一个学生的成绩打了个不及格。

在知道自己不及格时，这个学生非常痛苦。因为他早已做好毕业后的各种计划，现在不得不取消了。目前，他的面前只有两条路可走了：要么重修，下年度毕业时才拿到学位；要么不要学位，一走了之。

这件事对这个学生的打击之大可想而知。怎么办？

他找到了教授，希望教授可以通融一下，但这并不能改变什么。他开始大发脾气，向教授发泄了一通。那位教授等待他平静下来后，对他说："你说的大部分都很对，确实有许多知名人物几乎不知道这一科的内容。你将来很可能不用这门知识就获得成功，你也可能一辈子都用不到这门课程里的知识，但是你对这门课的态度却对你大有影响。"

"你是什么意思？"这个学生问道。教授回答说："我能不能给你一个建议呢？我知道你相当失望，我了解你的感觉，我也不会怪你。但是请你用积极的态度来面对这件事吧。这一课非常非常重要，如果不由衷地培养积极的心态，根本做不成任何事情。请你记住这个教训，五年以后你就会知道，它是使你收获最大的一个教训。"

后来，这个学生选择重修了这门功课，而且成绩非常优异。

毕业前，他特地向这位教授致谢，并非常感激那场争论，他说："那次不及格真的使我受益无穷。"他说，"看起来可能有点奇怪，我甚至庆幸那次没有通过。因为我经历了挫折，才尝到了成功的滋味。"

看来，失败也并非是一件坏事，很多时候，成功的愉悦正是从失败的土壤中提炼并升华的。

然而，现在的许多年轻人，甚至还没有经历什么失败，就已经被失败的"名头"吓破了胆。例如，他们有许多好的构思和设想，特别是工作上的改进和更新，即使设计好了一切，却迟迟不肯行动起来，整天想着如果失败了，那怎么办，对自己的工作能力缺乏必要的信心。也不去和同事及上司交流，等别人行动并成功以后，才知道后悔。其实，只要是自己认为正确的，就应该去做，哪怕会错、会失败，也可以一边调整，一边改进。

事实上，能否在挫折中积蓄人生，能否在失败时铸就生命的辉煌，也正是我们与强者的差距所在。真正的强者就是在失败之后，能较快地从挫折情绪中走出来，对自己的力量进行重新估价，从自己的方面进行认真的分析研究，找出自己的差距和不足。或是扬长避短，充分发挥自己的优势，最后击败对手；或是转向其他领域，找到自己正确的位置，寻找新的成功之路。为了躲避失败而固步自封是愚蠢的。因为过去的失败而耿耿于怀、裹足不前的人是懦弱的，只有不怕失败的人，才是勇敢而智慧的人，这样的人才能亲近成功。

正所谓“落红不是无情物，化作春泥更护花”。我们其实应该感谢失败，是它给了我们一个认真思考的机会，使我们终于可以停下来回头看看自己曾经走过的路，哪一步走歪了，哪一步走慢了，哪一步根本没有走稳。

所以，不要再把失败看作是无法卸掉的重负了。因为如果没有它，我们的人生就会变得轻如空气，飘飘摇摇没有着落。失败一方面让我们不堪承受，另一方面也让我们倍感踏实。这种踏实的感觉，就像是双脚牢牢地踩在土地上，不断从土地中汲取力量。正如我们所知，金子只有经过大火的冶炼才能熠熠生辉；宝石只有经过溶岩的冶炼才能成就夺目光芒；珍珠只有经过血与肉的痛苦磨合才能拥有晶莹圆润。人与金子、宝石、珍珠其实是一样的——只有在人生的道路上经历失败，正视痛苦，在挫折中成长，才能成为那朵最美的花。

拿破仑说过：“人生的光荣不在永不失败，而在于能够屡败屡战。”是的，只要决心和毅力不倒，跌倒了又怎样呢？爬起来，一切都可以重来。这才是能够实现自我的人生态度！

延伸阅读：给所有觉得自己失败的人

如果我们过于爽快地承认失败，就可能使自己发觉不了我们非常接近于正确。——卡尔·波普尔

感谢上帝没有把我造成一个灵巧的工匠。我的那些最重要的发现都是受到失败的启发而获得的。——戴维

这世界除了心理上的失败，实际上并不存在什么失败，只要不是一败涂地，你一定会取得胜利的。——亨·奥斯汀

一经打击就灰心泄气的人，永远是个失败者。——毛姆

人的聪明和自己的明智及道路的选择，往往在失败以后。
——贾曦光

失败也是我需要的，他和成功对我一样有价值。——爱迪生

我主要关心的，不是你是不是失败了，而是你对失败是不是甘心。——林肯

失败是坚忍的最后考验。——俾斯麦

失败对我们是有好处的，我们得祝福灾难，我们是灾难之子。——罗曼·罗兰

我们从失败中学到的东西要比在成功中学到的东西多得多。——斯迈尔斯

做不惧逆境的乐天派

我们这一代人最重大的发现是：人能改变心态，从而改变自己的一生。

拿破仑得到了世界上绝大多数人渴望拥有的荣誉、权利和金钱，辉煌一时，但他却说："我这一生从来没有过一天幸福的日子。"可失聪又失明的海伦·凯勒却说："生活多么美好。"可见，很多时候，人生处境的好与坏，全靠人的心态来决定。这也就是我们常说的一句话："境随心生，境随心转。"如果你能保有坚强乐观的光明心态，那么就能够战胜不幸，化逆境为顺境。

就在美国人民高兴地庆祝陆军在北非获胜的那一天，住在俄勒冈州波特兰的伊丽莎白·康黎却迎来了她人生中最灰暗的一天，国防部的一份电报告知她，她在世间惟一的亲人——她最亲爱的侄子——死在战场上了！

一直以来，侄子都是伊丽莎白·康黎生活中的希望和快乐的源泉。这个消息一时间让她觉得整个世界都粉碎了，她悲痛欲绝，决定放弃工作，离开家乡，把自己藏在眼泪和悔恨之中。

就在伊丽莎白·康黎清理东西准备辞职的时候，忽然发现了一封早

年的信，那是任子在她的母亲去世时写给她的慰问信。“当然我们都会想念她的，”那封信上写道，“尤其是您。不过我知道您会撑过去的。我永远也不会忘记那些您教我的美丽的真理：不论活在哪里，不论我们距离有多远，我永远都会记得您教我要微笑，要像一个男子汉承受所发生的一切。”

康黎一遍又一遍地读着这封信，她觉得似乎任子就在身边，正在对她说：“您为什么不照您教给我的办法去做呢？撑下去，不论发生什么事情，把您个人的悲伤藏在微笑底下，继续过下去。”

于是，康黎打消了辞职的念头，她不再生活在痛苦的回忆中，反而更加积极地生活。她更加用心地工作，她写信给前方的士兵，给别人的儿子们寄去思念和关爱，她参加成人教育班，结交新的朋友……

她每天的生活都充满了快乐，正如她对自己说的一样：“我应该把悲痛藏在微笑下面，因为事情已经是这样了，我没有能力改变它，但我有能力继续生活下去。”

其实人生本来就是变幻莫测，人生，说白了也就是一个接受事实，接受变化的过程。事实上，生活中很多事情，不管你愿不愿意接受，它都会来，这就要看你怎样对待它了。著名的台湾佛学大师海涛法师就曾说过：“当今社会，不是让你去改变谁的时候，而是你要懂得学会接受，以一个好的心态坦然地接受它。”当你凡事都以乐观的心态去面对的时候，你会惊讶地发现，无论多么大的困难，都不是可怕的，世界原来竟是那么的美好，生活处处都充满了阳光，即使是在漆黑的夜晚，也能看到星星在闪耀。

遗憾的是，现在很多人，尤其是年轻人，一旦遭遇不幸，就认为自己是世界上最不幸的人，从此一蹶不振、自暴自弃。不过，当你埋怨父母没有给自己带来丰厚财产的时候，当你埋怨自己命运不济没有升官发财时，当你羡慕别人有好房子好车时，当你羡慕别人抽烟喝酒交女朋友时，甚至，当你面对别人的飞扬跋扈而忿忿不平时，你应该回头看看，在你身后还有很多人比你更加不幸，但是他们的生活却比你幸福。

为什么？

就是因为他们没有让悲伤、哀怨和不利的环境束缚住自己的手脚，反而是舒展开自己的双臂，去拼搏、去创造！这就正如孟子所说的“天将降大任于斯人也，必先苦其心志，劳其筋骨，饿其体肤，空乏其身，行拂乱其所为，所以动心忍性，曾益其所不能”。在逆境面前，不要气馁，把它转变成对自己有利的经验及能力，这样就会协助自己创造更大的成绩。

例如，闻名世界的女作家海伦·凯勒年幼时因为一场大病失去了视力、听力和说话的能力，但是她却坚强地在黑暗中伸出双手奋力抗争，终于成为有影响力的作家与社会活动家。贝多芬在中年时失去了听力，这对于一个作曲家来说无疑是画上了事业的句号。但是他没有在无声的世界中意志消沉，而是坚持创作，谱写了不朽的名曲，也谱写了生命的壮歌。

其实，命运有时就像一面镜子，你哭它也哭，你笑它才笑。卓越与出色的人，往往不是得到了上天更多的恩赐，相反是经历了更多的磨难。人往往会由挫折和苦难得到更大的考验和提高。吃点苦、受点挫折，会让我们学会更加坚强、勇敢地面对人生的无限挑战。所以，不要再抱怨生活给了你太多的磨难，也不要抱怨生活中有太多的曲折，更不要抱怨生活中存在的不公。当你走过世间的繁华与喧嚣，阅尽世事，你会幡然明白：人生不会太圆满，再苦也要做个乐天派！即使只是假装的微笑，但只要让这微笑持续几分钟，你会发现自己的心情似乎好了许多，而事实，也往往确实会如此。

当然，也有很多人不是不想自己乐观起来，而是不知道怎么样才能乐观起来。乐观，不是要你在发生事情时漫不经心地去面对，而是要你从正面去接受现实，要你从不同角度去看待事情。以下面这个小故事为例：

一个寒冷的冬天，纽约一条繁华的大街上，有一个双目失明的乞丐，那乞丐的脖子上挂着一块牌子，上面写着：“自幼失明。”有一天，一个诗人走近他身旁，他便向诗人乞讨。诗人说：“我也很穷，不过我可以给你点别的！”说完，他便随手在乞丐的牌子上写了一句话。那一天，乞丐得到很多人的同情和施舍。于是，疑惑的乞丐问身边的人：“他给我写了什么呢？”旁人便向乞丐念了牌子上诗人所写的句子：“春天就要来了，可是我却不能见到它。”

你看，牌子上的意思其实是一样的，诗人只是换了一种表达方式，却得来了完全不同的结果。可见，乐观就是会让人在不如意的境遇中发现希望，让阳光照进生活，让沉闷的心得到平静喜乐的一种积极心态。

总之，你要记住："在最黑的土地上生长着最娇艳的花朵，那些最伟岸挺拔的树总是在最陡峭的岩石中扎根，昂首向天。"你所经历的每一次不幸并非是灾难，早年的逆境通常对于今后的人生来说是一种幸运。与困难作斗争是上天给与你的锻炼机会，磨破你稚嫩双手的同时，也为日后更为激烈的竞争准备了丰富的经验。

延伸阅读：乐观精神的自我训练方法

1. 利用镜子技巧，让你脸上露出一个很开心的笑容来，挺起胸膛，深吸一口气，然后唱一小段歌，如果不能唱，就吹口哨，若是你不会吹口哨，就哼哼歌，记住自己快乐的表情。

2. 坚持微笑待人，俗话说：笑一笑，十年少。笑可以使肺部扩张，促进血液循环。

3. 学习运用幽默。幽默是能在生活中发现快乐的特殊的情绪表现，可以从容应付许多令人不快、烦恼、甚至痛苦、悲哀的事情。

4. 用欢乐促进人际关系，在寝室就寝前讲几段笑话或提议回顾小品、相声中的片断。

5. 忘却不愉快的经历和事情。培养广泛兴趣，既充实生活，保持心情愉快，也可以作为化解紧张情绪的手段。

6. 多参加有益的文体活动。培养活泼进取、开朗、积极参与的生活态度，在平凡稳定的生活中创造追求的源泉，谱写快乐的人生。

7. 对环境和他人不要提出不切实际的非分要求，告诉自己快乐的核心是自我满足。

8. 当别人试图激怒你时，自我暗示："我是一个豁达的人，一个胸如大海的人。"

9. 制定座右铭。每当紧张出现时，想起自己的座右铭如"我是一个冷静的人"，然后进行自我放松。

10. 假如有疾病产生，告诉自己人生不以绝对时间长短论好坏，而以质量论高低。快乐地过一天比烦恼地过一年还有意义。

看日出必须守到拂晓

常常是最后一把钥匙打开了门。

你有没有见过蘑菇是怎样生长的？它们总是长在阴暗的角落，得不到阳光，也没有肥料，自生自灭，只有长到足够高的时候才开始被人关注，可此时它自己已经能够接受阳光了——蘑菇生长必须经历这样一个过程，事实上，人的成长也肯定会经历这样一个过程——初入世者常常会被置于阴暗的角落，不受重视或打杂跑腿，就像蘑菇培育一样还要被浇上大粪，接受各种无端的批评、指责、代人受过，得不到必要的指导和提携，处于自生自灭的过程中。

其实，这也就是心理学上常说的蘑菇定律，或叫萌发定律。无论你是多么优秀的人才，“蘑菇”的经历，对成长中的年轻人来说，是蛹变成蝶前必须经历的一步，谁想从这一步跳过去，谁就会栽跟头。因为成功和梦想不是圣诞树，不会在一夜之间华灯璀璨、堆满礼物，你必须放下所有的自卑、自负和骄傲，心态归零，以足够的坚毅和忍耐，度过你人生中的“蘑菇期”，幸运女神才会有可能把成功的桂冠戴在你头上。

湖畔有两棵树，一棵粗如熊腰，一棵细若手臂。给湖底清淤泥时，它们被锯掉了。人马离去，岸上就多了两根树桩。

一天，来了一个园林工人，要挖掉它们重新植树。这时一个散步的老人走过来说：“大的不敢保证，小的一定会活。”园林工人看了看树桩，没有动，收起工具走了。

一年过去了，小树桩上的嫩芽长成手指粗的枝条，大树桩上的嫩芽长成了一丛灌木。园林工人很希望大树桩上的嫩芽也长出粗壮的技条来，他砍去多余的枝条，留下最有希望的一枝，可是，一点都没有用。三年后，这根抽过多次芽的大树桩在最后一根枝条枯萎后，悄无声息地死了。

有一天，散步的老人又来这儿，园林工人遇见了他，很想解开心中的迷惑。老人说："树和人一样，凡是早年受挫的人都是幸运的，他们还有从头做起的时间，可以鼓起勇气来不忧不惧地学一门技术，最后成为有用之材。到了四五十岁才灾祸临头，就真正可怜了，他已没有从头做起的时间和精力。"

其实，人类和树木一样，在成长的过程中必须付出代价，经历挫折，承受打击，才能逐渐走向成熟。有些成功之士，正是因为遭遇逆境，才有了震惊后世的骄人成就。例如苏东坡晚年时，曾把自己平生最有成就的阶段概括为"黄州、惠州、儋州"，此三州正是他横遭贬谪的放逐之所。

现在，很多年轻人走出校园时大都抱着很高的期望，认为自己应该得到重用，应该得到丰厚的报酬，工资成了他们衡量彼此价值的唯一标准。一旦得不到重用，工资达不到预期，自己编制的梦想就会彻底破灭，从而失去信心，失去工作的热情，并消极地对待工作。

其实，一段"蘑菇"的经历，对于我们的成长来说，并不一定是什么坏事，尤其是当一切都刚刚开始的时候，当上几天"蘑菇"，能够消除我们很多不切实际的幻想，让我们更加接近现实，看问题也更加切合实际。事实上，正如纪伯伦的一句名言所说："除了通过黑夜的道路，人们不能到达黎明。"不能忍受苦难的人只能用一生去忍受平庸，能在苦难中坚持下来的人，方能突出重围走向成功。

在我们被看成"蘑菇"时，一味强调自己是"灵芝"并没有用，利用环境尽快成长才是最重要的。只要有积极向上、不屈不挠的韧劲，"阴暗"的角落并非不能生长。一家知名快速消费品公司的营销总监，就曾经用自己八年的亲身经历来激励他的下属，他说：

"回想一开始做销售时，真的是吃了不少苦头：上门推销被人撵出来，电话营销也遭人冷言冷语；做不出业绩，眼看着公司到了月末又要解雇一批人，再不出业绩，马上就要出局，压力别提有多大了。每次到了领薪水的时候，看人家那么高的提成，自己的钱包却总是鼓不起来，我心里很不是滋味，也想到过放弃。可是，最后我还是咬牙挺了过来，我非要把不可能变成可能！

“慢慢地，我开始明白，做销售要主动，还要掌握要领；跟客户打交道既要哄着供着，也不能过分迁就，要让客户跟着你的思路走，而不能套在他的路子里。我还发现，要做好销售，掌握别人的心理很重要，于是我就利用业余时间去进修了营销学方面的一些课程，这给了我很大帮助。到了第四年的时候，我已经成功地做了不少大生意。再到后来，我开始转向营销管理，升到主管、经理、大客户经理。最后，到了现在的营销总监。

“这八年，我觉得自己就像一颗蒲公英的种子一样，被吹到了土壤并不肥沃的地方。但我把种子深深地扎进去，拼命地向上生长，就享受到了更多的阳光和雨露，最终才能生根发芽。”

可见，“蘑菇定律”用得适当，其实就是一种“成功法则”。

首先，抛弃你的好高骛远。不要对自己的期望值太高，不要一开始就想得到重用，拿到丰厚的待遇。更不能在要求得不到满足时，牢骚、抱怨满腹，那样只能使自己丧失信心，萎靡不振，破罐子破摔，永远去做蘑菇。所以请认真对待你现在所从事的工作，并全力以赴地做好它，这是一切事业的开始，同时为以后打下坚实的基础。

其次，不要轻易说放弃。很多人在“蘑菇期”最容易产生的念头就是放弃。但是，真正的成功，属于坚持不懈的人。只有认准目标，不断坚持，在“蘑菇期”积累一些可贵的经验和素质，才能为以后的“厚积薄发”做好铺垫。另外，在没有成功时，人往往会遭遇歧视、侮辱等不公平的对待，你千万不要停留在对这些问题的纠缠上。明智的做法是：自强自立，不断增强自身实力，以实际行动来证实自己的价值。

想看日出，就必须守到拂晓。任何美好的事物都不是信手拈来的，不是一蹴而就的，不是一帆风顺的。它必须在痛苦的泪水中孕育，在忍耐的土壤里生根，在等待的岁月中发芽，在坚守的季节里开花。它必须忍受无数次量变的痛苦，才能升华到质变的美丽。所以，无论如何，请坚持下去！

延伸阅读：如何快速度过“蘑菇期”？

你只需记住如下规则：

不要担心，别人会注意你；

别忘了多激励自己；
适当的场合适时地表现自己；
总结经验，尽快地使自己成熟起来；
找好定位；
不放弃学习；
多做事，少抱怨；
自动自发。

不要输在心态上

人与人之间只有很小的差异，但这种很小的差异却往往造成了巨大的差异！很小的差异就是——所具备的心态是积极的还是消极的，巨大的差异就是——成功与失败。

你有没有想过，现在你生活的方向以及发生在你身上的每一件事情，实际上都是由此刻你大脑里正在进行的思维或者说你的心态所决定的，无论它们是积极的还是消极的、建设性的还是危险的。

心态真的这么重要吗？

确实如此。成功学的始祖拿破仑·希尔就曾经说过这样一句话："一个人能否成功，关键在于他的心态。成功人士与失败人士的差别就在于成功人士有积极的心态，而失败人士则习惯于以消极的心态去面对人生。"其实，生活对于我们每个人来说都是公平的，然而就是因为我们所操持的态度不同，命运也就因此而不同，有些人消极地应对生活中的一切，逆来顺受，忍气吞声，从而裹足不前，结果棱角磨平了，锐气丧失了，心中的理想也就成了泡影。而另外一些人善于从失败的阴影中走出来，用最积极的思考、最乐观的精神和最辉煌的前景支配和控制自己的人生，自然会成功。

事实上，在我们每个人的意识中，这两种心态都是共同存在的。只不过，那个理想和积极的自我形象，并不是总能指导和主宰自己的行为。因为，它常常会受到另一个消极的、瞬息万变的自我形象的干扰。

古希腊的大哲学家苏格拉底在风烛残年之际，知道自己时日不多了，就想考验和点化他那位平时看来很不错的助手。他把助手叫到床前说："我的蜡所剩不多了，得找另一根蜡接着点下去，你明白我的意思吗？"

"明白，"那位助手赶忙说，"您的思想光辉将很好地传承下去……"

"可是，"苏格拉底慢悠悠地说，"我需要一位最优秀的承传者，他不但要有相当的智慧，还必须有充分的信心和非凡的勇气……这样的人选直到目前我还未见到，你帮我寻找和发掘一位好吗？""好的，好的。"助手尊敬而温顺地说，"我一定竭尽全力地去寻找，绝不辜负您的栽培和信任。"

苏格拉底笑了笑，没再说什么。那位忠诚而勤劳的助手，不辞辛劳地通过各种渠道开始四处寻找开了。可他领来的一位又一位人选，总是被苏格拉底否决了。有一次，当那位助手再次无功而返地回到苏格拉底病床前时，病入膏肓的苏格拉底硬撑着站起来，抚着那位助手的肩膀说："真是辛苦你了，不过，你找来的那些人，其实还不如你"。

"我一定加倍努力，"助手言辞恳切地说，"找遍城乡各地和五湖四海，我也要把最优秀的人选挖掘出来，举荐给您。"

苏格拉底笑笑，不再说话。半年之后，苏格拉底眼看就要告别人世，可是最优秀的人选还是没有眉目。助手非常遗憾，哭着说："我真对不起您，令您失望了！"

"失望的是我，对不起的却是你自己。"苏格拉底说，"本来最优秀的就是你自己，只是你不敢相信自己，才把自己给忽略、耽误、丢失了……其实，每个人都是最优秀的，差别就在于如何认识、发掘和重用自己……你为什么半年来都不给自己一次机会呢？"苏格拉底说到这里，很失意地闭上眼睛，永远离开了这个世界。

现实生活中，很多人就像故事中的那个助手一样，让消极的心态主宰了自己的命运，不相信自己是最优秀的，从而把自己忽略了、耽误了、丢失了。其实，年轻的你可以什么都没有，没有票子没有车子没有房子，这些都没有关系，但你绝不能没有一颗强大的心，心态才是你命运的真正主宰，有了好的心态，你的人生就有了无限的可能。

当然，成功者并不是没有受到过这些消极因素的干扰，而他们成功的原因就在于他们能够用意志和适当的科学方法摆脱它们的干扰，跳出阴影地带。这里提供几个对付消极自我的方法，希望对你有所帮助：

第一，正确归因。你不能因为一次失败，就认为自己不行。要知道自己的这次失败可能有很多原因，比如天气、时间、运气、身体等，不一定是能力不足造成的，更不要耿耿于怀和自己过不去。

第二，自我激励。人有时或多或少会有自卑的感觉，此时精神上一般都比较敏感脆弱，经不起挫折的打击。所以不妨“阿 Q”一下，培养自己自我满足、知足常乐的良好心态。

第三，转移注意。当自己处于劣势时，可以“移情别恋”，通过有意转移话题、改做别的事情的方式来分散自己的注意力。也就是将注意力转移到自己感兴趣的、也最能体现自己才能的活动中去，建立新的兴奋点，以淡化和缩小短处（弱项）在心理上造成的自卑阴影，减缓、化解内心的压力。

第四，积极暗示。如果遇到某些情况而感到信心不足时，可以用语言暗示：“你行，我也行！”或者像体育健儿那样大吼一声，还可以回想由于自己努力而成功的事例，或者合理想象将要取得的成功后的兴奋，从而激发自己改变现状的信心。

第五，客观认知。尺有所短，寸有所长，正确认识、评价自己，客观地分析自己的短处（弱项）和长处（强项），牢记上帝为你关闭一扇门的同时，一定为你打开了一扇窗。千万不要由于自己的某些不如人之处而看不起自己。

德国先哲叔本华曾说，我们所处的世界如何，并不关乎它本身的样子，而是取决于我们用怎样的眼光去看待它。我们不能决定人生的起点，但是可以决定人生的终点；我们无法延长生命的长度，但是可以拓展生命的宽度；我们无法改变天气，却可以改变自己的心情；我们可能很难转变自己所处的环境，但我们可以调整自己的心态。只要心态是正确的，我们的世界也会是光明的。

延伸阅读：你的心理成熟了吗？

这是美国心理学家赫威斯特列举的10项发展任务，可视为青年人心理成熟的标准，你不妨对照一下，看看自己的心理成熟了吗？

1. 能在日常生活中与同龄人建立和谐的人际关系，包括同性朋友和异性朋友在内。

2. 在行为上能够扮演适当的性别角色。

3. 接纳自己的身体和容貌，不过分炫耀自己的优点，也不过分掩饰自己的缺点，发挥最大潜能。

4. 情绪表达渐趋成熟独立、凡事不再依赖父母或其他成人的支持与保护。

5. 有经济独立的信心。

6. 能够选择适合自己能力和兴趣的职业，而且肯努力奋发，为取得该种职业而准备。

7. 认真考虑选择婚姻对象，并开始准备成家过独立的家庭生活。

8. 在知识、观念等各方面，都能达到成为一个公民所需要的标准。

9. 乐于参与社会活动，也能在社会活动中对自己的行为负责任。

10. 在个人的行为导向上，能建立起自己的价值道德标准。

没有“不可能”的事

很多“不可能”做到的事，只要把焦点放在“如何去做”，而不是想着“这是办不到的”，就有可能做到。

生物学家曾经做过一个有趣的实验：他们把跳蚤放在桌上，一拍桌子，跳蚤迅即跳起，跳起高度均在其身高的100倍以上，堪称世界上跳得最高的动物！然后，他们在跳蚤头上罩一个玻璃罩，再让它跳。这一次跳蚤碰到了玻璃罩。连续多次后，跳蚤改变了起跳高度以适应环境，每次跳跃总保持在罩顶以下高度。接下来逐渐改变玻璃罩的高度，跳蚤都在碰壁后主动改变自己的高度。当玻璃罩接近桌面时，跳蚤已无法再跳了。最后，当生物学家把玻璃罩打开，再拍桌子时，跳蚤竟然不会跳，变成"爬蚤"了。

你知道跳蚤为什么会变成"爬蚤"吗？

并非它已丧失了跳跃的能力，而是由于一次次受挫以后，玻璃罩的限制已深深地刻在它那有限的意识里，反映在它的心灵上，使它失去了起跳的勇气。这也就是心理学上所说的"自我设限"。

很多时候，我们人类也是这样。很多人不敢去追求梦想，并不是因为自己的能力不够，而恰恰是因为自我设限。在自我设限的时候，人往往就在潜意识里给自己下了一个消极的论断：这件事我不可能做到。由此形成了一种消极的心态，对这些事情望而却步，结果自然是做不成了。

1968年春天的一个早晨，罗伯·舒乐博士的头脑中突然闪现出一个想法——在加州建一座用玻璃造的水晶大教堂。这在当时，是一个几乎不可能实现的奇迹，因为他的口袋里没有一分钱。但是，自从这个想法在他的头脑中一闪现便深深地扎了根，他的渴望越来越强烈。他向著名的设计师菲力普·强生表达了自己的构想，并坚定而明快地告诉他："我现在一分钱也没有，但是不管做多少预算，你只要把教堂设计得有足够的魅力，我就能找来足够的捐款。因为我深信，我在中学时代一位老师说的话：'只要你有梦想，又肯抬脚走，那么你的脚肯定比山高。'"

尽管强生觉得他简直是个疯子，不过，他也承认舒乐博士的确是在做了不起的事。几个月精心的设计之后，一座美仑美奂的教堂终于出现在了纸上，而且，建造教堂最终的预算数目也足够惊人，700万美元——这在当时，简直是一个天文数字。

当天夜里，舒乐博士拿出一张白纸，在上面写上"700万美元"几个字，然后又写下10行字：

一、寻找1笔700万美元的捐款；

二、寻找7笔100万美元的捐款；

三、寻找 14 笔 50 万美元的捐款；

四、寻找 28 笔 25 万美员的捐款；

五、寻找 70 笔 10 万美元的捐款；

六、寻找 100 笔 7 万美元的捐款；

七、寻找 140 笔 5 万美元的捐款；

八、寻找 280 笔 2.5 万美元的捐款；

九、寻找 700 笔 1 万美元的捐款；

十、卖掉 1000 扇窗，每扇 700 美元。

60 天后，舒乐博士用水晶大教堂奇特而美妙的模型打动富商约翰·可林捐出了第一笔捐款——100 万美元。第 65 天，一位听了舒乐博士演讲的农民夫妇，认购了一扇窗子——1000 美元。90 天的时候，一位被舒乐孜孜以求精神所感动的陌生人，在他过生日的当天，突然想帮助一个人，于是，他寄给舒乐博士一张 100 万美元的银行支票。8 个月后，一名捐款者对舒乐博士说："如果你的诚意与努力能筹到 600 万美元，剩下的 100 万美元由我来支付。"第二年，舒乐博士以每扇 500 美元的价格请求美国人认购水晶大教堂的窗户，付款的办法为每月 50 美元，10 个月分期付清。6 个月内，1 万多扇窗子全部销售一空。

1980 年 9 月，前后一共经历了 12 年的时间，一座可容纳 1 万多人的水晶大教堂终于竣工，成为世界建筑史上的奇迹与经典，同时，也成为加州一处独特的风景。现在，世界各地的游客都争相前往加州去瞻仰玻璃教堂的胜景。

而且，更加令人瞠目结舌的是，水晶大教堂最终的造价为 2000 万美元，大大地突破了当时建筑师的预算。这样一笔巨大的款项，竟然全部都是舒乐博士一点一滴筹集而来的。

舒乐博士之所以能成功，就是因为他对"不可能"多了一分不肯低头的韧劲和执着。所以，对他来说，也就没什么不可能的事了。

然而，现实生活中，我们却常被过往的经验、常识、规则等限制住，习惯性地按照既定的思路去思考，结果竟被很多的"不可能""不可行""做不到"想法禁锢了头脑，束缚了手脚。"那是不可能的！""这事不靠谱儿！""哪有这回事？怎么可能？""算了吧！别试了！""这样的好事怎么可能轮到我？一定有问题！”“这么大的项目，怎么谈得成？”“这个客户很固执，这桩生意不可能谈成！”“形势这一变，事情一定泡汤了！”……“不可能思维”无时无刻不侵蚀着人们的意志和理想，让人们对什么事都“打不起精神”来；如果一个人在思想上认为一件事是不可能的，那么在行动上自然就不会去做，最终的结果，肯定是这件事真的成了“不可能”了。

那么，从这个意义上来说，就并不是老天不公平，不让你有所作为，而是“不可能”想法让你在一开始就输给了自己！想想看，你的困难真的有建一座水晶大教堂这么难吗？如果没有，你还有什么理由说“不可能”？其实这个世界上已经有无数个事实证明，“不可能”的事通常是暂时的不可能，不会永远的不可能，只是人们一时还没有找到解决它们的方法而已。一旦找到了，也就设什么不可能了。只有你不去努力，不可能才永远都是不可能。

所以，当你再遇到难题或困难时，多向自己提提“能否变不可能为可能”这个问题——不再简单地去看待那些“不可能”“不可行”“做不到”，而是在任何时候、任何情况下都努力地寻找可能性。当你把关注点从“不可能”转移到“有可能”上面时，就已经迈出了关键的一步，就获得了一种尝试的能量，一种自我突破的能量。那么，也许“不可能”就会变成“可能”了！

延伸阅读：先从改变口头禅入手

一个人的口头禅，往往带有很强的心理暗示作用，消极的口头禅会在不经意间磨灭人的意志，肯定而正面的健康的口头禅，则可以在潜移默化里或激励或约束或影响自我成长成熟。

常说“我行”“我可以”等积极的词。乐观而向上的人，总会把“我想办法吧！”“我试试！”挂在嘴边，不仅让自己感到世上无难事，也会给周围的人积极、可靠的感觉。

不说“随便”“不知道”等中性的词。中性的口头禅反映的也是放弃自我选择、消极或拒绝等心态。喜欢说“随便”的人，往往是爱随大流、不能为自己做主的人。“随便”隐藏着“错了别怪我，和我没关系”这样推卸责任的潜台词。还有一些像“然后”“嗯”“这个”等没有任何意义的词，能不说也最好别说，否则会显得啰嗦。

坚决不说“不可能”“倒霉”等消极的口头禅。这些泄气话往往会影响自己和身边人的情绪。我们可以问问身边的人，自己有哪些口头禅，然后把它们记在纸上，有意识地分析哪些出现频率最高，哪些让人听了不舒服，哪些对自己有消极影响。要一点点减少说这些口头禅的次数，今天10次，明天8次，最终将它们从生活中驱逐出去。

相信自己

缺乏信心并不是因为出现了困难，而出现困难倒是因为缺乏信心。

不论环境如何，在我们的生命里，均潜伏着改变现时环境的力量。爱迪生就曾经说过这样一句话：“如果我们做出所有我们能做的事情，我们毫无疑问地会使我们自己大吃一惊。”然而，现实情况却是：很多人并没有使自己惊奇过。也许你会想：“我只是一个平凡的人，而且总是在失望。因此，我从来没有期望过自己能做出什么了不起的事来。”或许这正是向题的所在，我们没有太多的惊喜，因此就从来没有期望过自己能够做出什么了不起的事来。这是实情，而且这是严重的事实，那就是——我们不够坚信自己，我们只把自己束缚在我们自我期望的范围以内。

一个小孩在看完马戏团精彩的表演后，随着父亲到帐篷外面拿干草喂养刚刚表演完的动物。

这时候小孩注意到有一个大象群，就问父亲：“爸爸，大象那么有力气，为什么它们的脚上只系着一条小小的铁链，难道它们真的无法挣开那条铁链吗？”

父亲笑了笑，解释道：“没错，大象是挣不开那条细细的铁链。在大象还小的时候，驯兽师就是用同样的铁链来系住小象，那时候的小象，力气还不够大，小象起初也想挣开铁链的束缚，曾无数次尝试挣脱铁链，但每次努力的结果是，它的脚被铁链磨的疼痛、流血。于是，渐渐地小象不再挣扎，直到长成了大象，已经可以轻而易举地挣脱链子时，它的想法依然是：我不行，我不会成功的。它也就甘心受那条铁链的限制，不再想逃脱了。”

正当父亲解说之际，马戏团里失火了，大火随着草料、帐篷等物品，燃烧得十分迅速，蔓延到了动物的休息区。动物们受火势所逼，十分焦躁不安，而大象更是频频跺脚，仍是挣不开脚上的铁链。

炙热的火势最终逼近了大象，其中一只大象已被火烧着，疼痛之余，它猛然一抬脚，竟轻易将脚上铁链挣断，于是迅速奔逃到安全的地带。有一两只大象见同伴挣断铁链逃脱，立刻也模仿它的动作，用力挣断铁链。但其他的大象却不肯去尝试，只顾不断地焦急地转圈跺脚，最后遭大火席卷，葬身火海。

在大象成长的过程中，驯兽师利用一条铁链限制了它，即使那样的铁链根本系不住有力的大象。但大象却从未想到过挣脱，因为大象给自己的心里也加了一把锁链——“我不行，我不会成功的”。那么，想想你自己，你的心里是不是也有这样一条细铁链？于是本该属于你的独特的成就就被你自己这样在心中抹掉，并开始向环境低头，甚至于开始认命、怨天忧人、安于现状、不思进取。

这条细铁链也许是你过分担心别人对你的看法。它常常表现为：当你想做一件事情的时候，首先想到的不是成功，而是如果失败了“别人将会怎么看？”这是一种最普遍而且最具自我毁灭性的心理状态。这种“别人”式的想法是一种强而有力的锁链。它不仅会伤害你的创造力和人格，还有可能把你原有的能力破坏殆尽，使你永远只停留在原地。这里给你推荐一种简单易行的方法，为摆脱这种“别人”式的心灵枷锁，你不妨想一想，首先你要清楚“别人”并不是“先知先觉”，他们往往都是“事后诸葛亮”。然后再送给自己一句话并时刻提醒自己：走自己的路，让别人去说吧！不要管别人会怎么去想，怎么去说。

这条细铁链也可能是你过去的错误或者失败。它常常表现为：害怕再次尝试，因为你曾经失败过，受创很深，所谓“一朝被蛇咬，十年怕井绳”。但是，如果你能将真正地理解“失败是成功之母”的话，那你就不会害怕失败。而如果你把失败看成是成功路上所要学习的一笔财富的话，那么你就不会被失败所打倒。这种类型的锁链的解决方法是：你完全不必把“过去的错误”看得太重。其实那根本不能算作失败，只能算是受教育，它能教会你许多事情，使你更加成熟。

这条细铁链还可能是你担心自己的付出注定会失败。它常常表现为：一旦失败，便将自己初始的动机统统扼杀。不断重复着说：“早知如此，何必当初！”并因此把自己看得渺小，无法真正透彻地看清自己。为了摆脱“注定会失败”的锁链，你不妨保持积极的态度，切莫在不经意中将自己的创新意识抛弃。只要想着“我将要成功”而不是“会失败”；“我是一个胜利者”而非“一个失败者”。当你能够左右自己的心灵时，你会惊喜地发现：你同样也能左右自己的行动，从而达到成功，拥有属于自己的一片天空。

人们常说：“最大的敌人是自己。”生活中有许多人之所以总是失败，并不是因为他们水平不够，很可能是因为他们不够自信，在追求成功的道路上首先被自己的不自信束缚住了手脚，所以他们不能正确地估计自己，不能相信自己也能做出非凡的事情。事实上，能不能做出更出色的事情首先需要我们有足够自信，敢去想，敢去做，只有这样一切才有可能。任何事物，你想能够就能够，你想不能够就不能够。只有跨越自己为自己设置的障碍，才能使自己的潜能得以发挥，获得生命中属于自己的一片天空。

相信自己就能创造奇迹，是否真的如此，我们何不自信一次，看看结果如何？自信是直面人生的一种勇气和内在气度，它可以鼓舞我们的生命，让我们斗志昂扬，永不退缩地达到成功的彼岸。

延伸阅读：五种小窍门练出自信心

1. 坐在前排

心理学认为，大部分占据后排座位的人，都是希望自己不会“太显眼”，而怕受人注目的原因就是缺乏信心。要想建立自信，从现在开始就尽量往前坐，别怕这会让你显眼，因为有关成功的一切都是显眼的。

2. 正视别人

不正视别人通常意味着：在你旁边我感到很自卑；我感到不如你；我怕你……正视别人，不但能给自己信心，也能为自己赢得别人的信任。

3. 走快25%

许多心理学家认为身体的动作是心灵活动的结果。那些遭受打击、被排斥的人，走路都拖拖拉拉，完全没有自信心。使用“走快25%”的技术，抬头挺胸走快一点，你就会感到自信心在滋长。

4. 当众发言

拿破仑·希尔曾经说过，有很多思路敏锐、天资高的人，却无法发挥他们的长处参与讨论。并不是他们不想参与，而只是因为他们缺少信心。从这一角度来说，如果尽量发言，就会增加信心。而且，不要最后才发言，最好可以第一个打破沉默。也不要担心你会显得很愚蠢，因为总会有人同意你的见解。

5. 咧嘴大笑

笑能给自己以很实际的推动力，它是医治信心不足的良药。也许你会说：“是的，但是当我害怕或愤怒时，就是不想笑。”当然，这时，任何人都笑不出来。窍门就在于你强迫自己说：“我要开始笑了。”然后，笑。而且，要笑得“大”，半笑不笑是没有什么用的，要露齿大笑才能见功效。

青春至美是担当

人生所有的履历都必须排在勇于负责的精神之后。

当工作和生活中出现了意料之外的变化，我们常常习惯性地将责任推卸到旁人身上，即便明明是自己犯的错，也要努力寻找各种借口为自己开脱："假如当初你这样做了，那么这件事就永远不会发生""要不是我昨天太累了，我就能做完那件事了"。

这是一种很常见的心理现象，却也是一种危险而错误的做法。因为人在这么做的时候肯定会觉得，自己没有一点儿左右生活的能力。不错，并非所有的错误都是我们的责任。但是，我们越是心甘情愿地从"担当"这个有利的角度看待世界，我们手中掌握的控制人生的权力就越大。通过采取积极的态度，每个人都能最大程度地控制、指导、掌握自己的生活。

1980 年，"管理大师"休斯·查姆斯时任国家收银机公司销售经理，当时，公司的财政发生了困难，不幸的是，驻外负责推销的销售人员也知道了这一情况，因此他们的工作热情大打折扣，销售量开始下滑。不得已，公司召集了全美各地的销售人员，由查姆斯亲自主持了一次会议。

会议一开始，销售人员就轮番列举了使他们无法完成销售配额的种种困难，似乎每个人都有一段最令人同情的悲惨故事要向大家倾诉：商业不景气，资金短缺，人们都希望等到总统大选揭晓以后再买东西，等等。

到第五个销售员说时，查姆斯再也坐不住了，他突然跳到了会议桌上，高举双手，要求大家肃静。然后他说："停止，我命令大会停止十分钟，让我把我的皮鞋擦亮。"然后，他叫来坐在附近的一名黑人小工，让他把擦鞋工具箱拿来，并要求这位工友把他的皮鞋擦亮，而他就站在桌子上不动。

在场的所有销售员都惊呆了。人们开始窃窃私语，觉得查姆斯简直是疯了。

皮鞋擦亮以后，查姆斯站在桌子上开始了他的演讲。他说："我希望你们每个人，好好看看这位小工友，他拥有在我们整个工厂和办公室内擦鞋的特权。他的前任是位白人小男孩，年纪比他大得多。尽管公司每周补助他 5 美元，而且工厂内有数千名员工都可以作为他的顾客，但他仍然无法从这个公司赚取足以维持他生活的费用。

"而这位黑人小工友他不仅不需要公司补贴薪水，而且每周还可以存下一点钱来，可以说他和他前任的工作环境完全相同，在同一家工厂内，工作的对象也完全一样。现在我问诸位一个问题：那个白人小男孩拉不到更多的生意，是谁的错？是他的错还是顾客的错？"

"当然是那个白人小男孩的错。"那些推销员们不约而同地说。

"是的，确实如此，"查姆斯接着说，"现在我要告诉你们的是，你们现在推销的收银机和去年的完全相同，同样的地区、同样的对象以及同样的商业条件。但是，你们的销售业绩却大不如去年。这是谁的错？是你们的错还是顾客的错？"

"当然是我们的错。"同样又传来如雷般的回答。

"我很高兴，你们能坦率承认自己的错误。"查姆斯继续说，"我现在要告诉你们，你们的错误就在于：你们听到了有关公司财务陷入危机的传言，这影响了你们的工作热情，因此你们就不像以前那般努力了。只要你们回到自己的销售地区，并保证在此后30天之内，每人卖出5台收银机，那么，本公司就不会再发生什么财务危机了。请记住你们的工作是什么，你们愿意这样去做吗？"

"愿意！"查姆斯听到的是下边的人异口同声的回答。

后来，他们也果然办到了。那些被推销员们曾强调的种种借口：商业不景气、资金短缺、人们都希望等到总统大选揭晓后再买东西等借口，统统消失了，仿佛根本不存在似的。

敢对自己的行为负责，这就是查姆斯留给人们的启示。

不过，害怕承担责任，却是现在很多年轻人的通病。"我该负什么责任？"大部分人很少问自己这个关键问题。相反的，他们会认为自己所面临的任何问题，必定都是别人的错。如果行程中有什么闪失，"一定是别人的过失"。他们从来没想到，他们本身也有错，或者至少他们应该负一部分责任。

也许从表面上看起来，永远不该责怪自己似乎很好。不过，不管是多么冠冕堂皇的说辞，都不能掩饰一个人责任感的匮乏。一个缺乏责任感的人，或者一个不负责任的人，首先失去的是社会对自己的基本认可，其次失去的是别人对自己的信任，更重要的是，也失去了自己对自己的信任。而且，抱着这种"永远别怪我"的哲学，也就永远无法找到自己的问题所在。就像两岁孩子认为“自己摔倒是地的错”一样，遇到问题先找别人的毛病，把自己的责任推给别人，永远都不会长大。

相反，当你一旦有了责任心，承认自己有时候也应该为生命中行不通的那一部分问题负责时，你就可能是另外一种精神面貌——遇到问题先找自己的毛病，想想自己应负的那份责任，怨气就会消失，心态不再起伏，而且受到一次心灵的锤炼，有了前进的动力和努力的新目标。

事实上，一个成熟的人，应该对自己负完全责任。一个害怕承担责任的人，本质是一个没有控制能力、没有决定能力的人，而害怕承担责任也是一种自私、无能、懦弱、胆小的表现。他无法掌握自己的快乐、幸福、健康和财富，他不是自我的主人，始终在别人的支配下生活，永远享受不了生命的自由，享受不了生活的乐趣。

只有那些能够勇于承担责任的人，才有可能被赋予更多的使命，才有资格获得更大的荣誉。青春至美是担当！希望每一个年轻人牢记在心。

延伸阅读：犯错之后，需要你立即去做的三件事

1. 承认错误，大胆地将责任承担起来。

2. 立即寻找补救措施，看能否将错误造成的伤害和损失程度降到最低。

3. 汲取教训，并牢记在心头，如果记不住，请写在一张纸上让自己随时能够看到，时时提醒自己：不要在同一个地方摔倒两次！

三、毋懒

——别让未来的你，讨厌现在的自己

你的明天，就是你今天的结果。不懒惰、不偷巧、不抱怨、不放弃，过好每一天。只有这样，你的未来才是可靠的、有保障的。只有这样，梦想的实现才会水到渠成。

安于现状就会死于现状

现在的自己，永远是有待完成的。

对我们每个人来说，环境是我们生存的空间，也是一个不断变化的过程。面对竞争环境的变迁，为什么有人能应付自如获得生机，而有人却步履维艰惨遭淘汰？

其原因与青蛙实验颇为相似。19 世纪末，美国康奈尔大学曾进行过一次著名的“青蛙试验”：他们将一只青蛙放在煮沸的大锅里，青蛙触电般地立即窜了出去。后来，他们又把它放在一个装满凉水的大锅里，任其自由游动。然后用小火慢慢加热，青蛙虽然可以感觉到外界温度的变化，却因惰性而没有立即往外跳，直到到后来热度难忍，失去逃生能力而被煮熟。

这可怕的青蛙效应告诉我们——安于现状就会死于现状！事物的发展，总有一个从量变到质变的过程。若一个人久久沉迷于无变化、安逸的生活，就往往忽略了周遭环境的变化，当危机到来时就只能像温水中的青蛙一样坐以待毙了。

1986 年，作曲家谭盾初到美国求学。尽管有哥伦比亚大学提供的奖学金，但他仍必须到街头拉小提琴卖艺来赚钱。和他一起卖艺的，还有一位熟识的黑人琴手。他们非常幸运地“抢到”了一个最能赚钱的好地盘——一家商业银行的门口。

一段时间之后，谭盾卖艺赚到了一些钱后，就和那位黑人琴手分道扬镳了，因为他没有忘记自己来美国的目的是学习声乐，而不是卖艺赚钱。因此，他将全部时间和精力都投入到提高音乐素养和琴艺之中……

就这样，十年过去了。一天，当谭盾偶然路过那家商业银行时，惊奇地发现：那位黑人琴手仍在那里卖艺！黑人琴手看见谭盾时很高兴，说道："兄弟，多年不见啦，你还好吧？现在在哪里拉琴啊？"谭盾说了一个很有名的音乐厅的名字，黑人琴手的表情很漠然，似乎没听说过那个音乐厅，他问道："那家音乐厅的门前也是个好地盘，也很赚钱吗？"

原来他想当然地认为谭盾和他一样，仍在这样或那样的公共场合卖艺赚钱。他哪里知道，再次出现在他面前的谭盾，已是一位国际知名的音乐家，不再需要卖艺赚钱！

其实，现实生活中，不乏这样的"黑人琴手"们，他们死守着"最赚钱的地盘"不放，甚至沾沾自喜，洋洋得意。但在"谭盾"们这样的成功者看来，他们不仅没什么可自得的，反而令人同情：安于现状让他们远离了成功，远离了骄傲的人生！

事实上，很多有本事的人之所以没有大成就，不是缺乏条件和机遇，而恰恰是因为他们太容易满足而不求进取。每天按部就班地生活——朝九晚五、一周双休、每天坐同样的公车上学或者上班、在教室里或者办公室里做同样的工作、每次考试不好不坏或者每个月领同样的薪水……这都会让很多人安于现状，没有了坚持进取的勇气。他们大多有这样的想法："我现在的生活充满喜悦和满足，以后要怎么做才能维持目前的这种状态呢？"但是，你希望维持现状，你周围的事情却每天都在发生着变化，你所处的社会形势每天也都不同，世界上的新事物也是层出不穷。安于现状、墨守成规的人，终将被社会所抛弃。即使你有能力做得更好，但是因为你满足于现状，你的进取心开始逐渐消磨，所以你也许永远都只能原地踏步，从而使你的目标可望而不可及。

其实，也只有小人物才会满足于现有的生活，真正伟大的人物从没有达到过他们的目标。因为随着他们的进步，他们的目标会越定越高；随着他们眼界的开阔，他们的奋斗心会逐渐增长。例如一位美国薪水很高的职业经理，在谈到"成功的秘诀是什么"时，就给出了这样的答案：

“我还没有成功呢？没有人会真正成功，前面总是有更高的目标。”

当然，很多人会说，这些道理谁不懂呀？的确。人人都可以讲出许多为什么不能安于现状的道理，可为什么你说起来明白，做起来却不是那回事呢？

也许是习惯使然。一般来说，若是过惯了那种衣来伸手、饭来张口的日子，是很容易安于现状的。为什么？富而思乐，玩物丧志。因为对你来说，膏粱锦衣，什么都有了，什么都是现成的，还用得着自己努力奋斗吗？

也许是胸无大志。人们常说“有志者事竟成”，志向可以成为一个人前进的动力，可以鼓舞人的精神。若是没有志向，必然会做一天和尚撞一天钟，糊里糊涂过日子。

也许是不思进取。只有强烈的进取心才会促使人们去忘我地工作，超水平地发挥，去完成一般情况下似乎不可能完成的工作。而对于那些缺乏进取心的人来说，是能偷懒就偷懒，能省时就省时。

也许是得过且过。人一旦进入这种状况，就会变得毫无生气，今天能干的事非要拖到明天，原来能干的事今天也不干，结果就橡一台机器一样，久而不用就生锈了。但不管是什么原因造成的，也不管是在学习还是工作中，只要你失去向更高层次努力的动力，那么你的悲剧和毁灭也将要来到了。

尤其是作为年轻人，谨慎小心，虽说是一种优秀的品质，但裹足不前，安于现状，只能让人在当今瞬息万变的社会中被淘汰出局。因此，我们一定要继续保持身上的“不安分因子”，它的积极意义就是——会让我们在持续的学习和实践中不断增长智慧，即使在探索前进的道路上深一脚浅一脚，也是走在通往成功与幸福的捷径上！

延伸阅读：安于现状的人如何自我激励？

1. 离开舒适区。

2. 找出自身的情绪高涨期。

3. 调高目标。
4. 逼真地想象自己的弥留之际。
5. 撇开那些不支持自己目标的“朋友”。
6. 迎接恐惧、直面困难。
7. “休整→重新投入”循环。
8. 先“排演”一场比自己要面对的更复杂的战斗。
9. 在塑造自我的整个旅途中保持良好的感觉。
10. 不沉浸在过去，也不耽溺于未来，立足现在。
11. 敢于竞争。
12. 不从别人身上找寻自己，在内省中塑造自我。
13. 走向危机。
14. 从细微处做改变。
15. 敢于犯错。
16. 不怕拒绝。
17. 尽量放松。
18. 循序渐进。

好运气不是坐等来的

把成功看成是命运安排和机缘巧合的人，要么出于谦卑，因为他已经成功；要么就是出于懒惰，因为他什么都不想做却渴望成功。

时下，总是听到一些年轻人抱怨世界的不公平。他们总感觉自己在事业上不成功，不是因为能力太差，也不是因为努力不够，而只是因为上天没有给予自己成功的好运气。运气，这个可遇而不可求的因素，似乎在很大程度上已经被这些人归纳为失败或者成功的重要因素之一了。

果真如此吗？我们真的能将一切归因于“运气”这摸不着、看不到的因素吗？

对于这个问题，美国文学家爱默生早已做过回答：“只有傻子才会坐以待毙相信命运。相信‘命中注定’的人是极其肤浅的，他们总是认为伟大人物所获得的名声都是碰巧而已，只是那个时刻对他有利，而在其他的时候，幸运之神可能就不会光顾他了。坚强的人相信因果，所有成功的人都实际上是因果论者。他们相信做任何事都不能凭借运气，而只能凭借精神，自始至终都是坚强的意志和永不放弃的精神在推动他们进步，从而使他们在经历无数风雨后，获得了成功。”

如果你期待从天而降的运气助你成功，那就和守株待兔没什么两样。只有努力争取，才会得到运气的垂青。要知道，任何时候运气都不会从天而降。许许多多天赋很高的人，就是因为不按照“一分耕耘，一分收获”的思想行事，妄想撞撞运气而获得成功，最终使自己穷困潦倒。

五年前，有两个来自农村的人，准备外出打工。一个打算去上海，一个决定去北京。

可是就在候车厅等车的时候，他们各自又都改变了主意，因为他们同时听到邻座的人议论说：上海人精明，外地人问路都收费；北京人质朴，见了吃不上饭的人，不仅给馒头，还送旧衣服。于是，那个想去上海的人想：还是北京好，挣不到钱也饿不死。而那个打算去北京的人想：还是上海好，给人带路都能挣钱，还有什么不能挣钱的？

打定主意，两个人巧合地又在退票处相遇了。原来要去北京的得到了去上海的票，去上海的得到了去北京的票。

去了北京的那个人，发现北京果然好。因为他初到北京的一个月，什么都没干，竟然没有饿着。银行大厅里的水可以白喝，大商场里欢迎品尝的点心也可以白吃。

而去上海的那个人，也发现上海果然是一个可以让人发财的城市。因为他只要想点办法，再花点力气，干什么都可以赚钱——带路可以赚钱，开厕所可以赚钱，甚至弄盆凉水让人洗脸都可以赚钱！而在常年的走街串巷中，他也有了一个新的发现：一些商店楼面虽然亮丽而招牌却比较黑，一打听才知道是清洗公司只负责洗楼不负责洗招牌的结果。他立即抓住这一个空当，买了人字梯、水桶和抹布，办起一个小型的清洗公司，专门负责擦洗招牌。如今他的公司已有 150 多个打工仔，业务也由上海发展到杭州和南京。而这次，他又打算去北京考察清洗市场了。

可就在北京车站，一个捡破烂的人把头伸进软卧车厢，向他要一只空啤酒瓶，递瓶时，两个都愣住了。因为他们同时发现：五年前，对方就是曾和自己换过一次车票的人！

现在，你还觉得这是“运气”的事吗？一个是利用当地的特点，赚取合理的钱财，由此而彻底改变了自己的命运。而另外一个呢？很明显，他贪图消极的安身立命，而忽略了积极进取的精神。当然捡破烂也是一种谋生的方法，可是两相对比起来，这个差别未免也太大了。

很多时候，我们愿意相信命运，相信捉摸不定的运气，其实说穿了，只是表示我们不能控制自己的生命罢了。很多人不相信一切能操之在我，害怕自己一旦因此而失败了，就找不到借口来推脱责任，于是，相信运气，归咎于命运。但我们越是一味地相信运气会从天而降，就越会不断地拒绝身边的各种机会，不愿接受各种磨炼和考验，最后当然没有人愿意再给我们任何机会。

其实，运气好或不好，都只是不肯努力的人寻找的借口罢了。好运，是你用心付出，努力前进所灌溉出来的果实；坏运，是你努力不够、好高骛远的结局。真正聪明的人，总是会把运气放在一边，抓住每个可以帮助自己更上一层楼的机会，不放过任何使自己成功的可能。

因此，对于运气，我们的建议就是：不要相信它。曾经担任英国航空部部长的比佛布鲁克也对这个观念坚信不疑，他认为努力才是最可靠的。他说：“我常警告追求成功的人，不要依赖运气，没有任何想法比依赖运气更愚蠢、更不切实际。这个世界依循因果关系在运作，运气可说是不存在的。有时你以为某人成功得很侥幸，但他为成功付出的代价岂是你能体会的？”

事实上，运气，或者更准确地说是机遇，它是很公平的，它不会厚此薄彼，它就像阳光普照众生、雨露滋润万物那样，会关照每一个人。关键在于你是否为运气的到来做好了准备，是否积极争取过。天上掉馅饼的美事也许只有童话小说里才有，只有努力多一点，付出多一点，才会为自己创造成功的资本，才能在竞争中脱颖而出，为自己争取到更多的“好运气”。

延伸阅读：幸运公式

幸运＝热情＋专注＋适应力＋魅力＋谦虚＋慷慨＋直觉＋恢复能力＋希望

热情——保持好奇心：乐于尝试并探索新的可能性。

专注——找到自己想要的：确定自己生活的任务和目标。

适应力——成为时间的主人：学会安排时间。

魅力——让自己像个幸运者：成为别人乐于帮助的人。

谦虚——不要树敌：任何人都可能在必要时拉你一把。

慷慨——让施与受保持平衡：花费时间和资源帮助别人；也满怀感激地接受别人的协助。

直觉——善用直觉：相信自己能做出正确的决定。

恢复能力——不要抗拒，而是解决：要乐观地面对生活。

希望——增强幸运：不但要像个幸运者，还要能感受幸运。

真正努力的人，没时间抱怨

把时间花在进步上，而不是抱怨上，这就是成功的秘诀。

人在遇到不顺心的事情时，常常把抱怨作为发泄不满情绪的一种方式。这在心理学上叫宣泄，宣泄出来，达到心理平衡，这样有利于身心健康，有利于良好素质的培养。

但凡事有度，对这个度的把握，却很少有人能恰到好处。当下，很多人已经将抱怨发展成了他们的生活习惯，成为他们对抗现实矛盾的一种手段。他们不停地告诉自己也告诉别人，他们的失败是因为别人扯后腿、家人不帮忙，或是身体不好、运气不佳，甚至连国外的战争都可以成为失败的理由。

其实当一个人在抱怨的时候，实际上就是在为自己找借口，而找借口的唯一好处就是安慰自己。但这种安慰是致命的，它让人对现存的状况无动于衷，并且给人一种心理暗示：我克服不了客观条件造成的困难。在这种心理暗示的引导下，我们不再去思考克服困难、完成任务的方法，哪怕是只要改变一下角度就可以轻易达到目的的事情，我们也会拖延或者放弃。

上帝是非常公正的，无论我们在干什么，他赋予每个人的时间都是一样的。当我们的时间都被抱怨所挤占，能够用在实战历练以及优化自身方面的精力就会少之又少。时间一长，这些都不可避免地转化成恶性循环。

事实上，一个真正努力的人，是绝对不会把时间花在毫无用处的抱怨上的。因为他们坚信："就算生活给你的是垃圾，你同样能把垃圾踩在脚底下，登上世界之巅！”

有一位出租车司机，面对着不断上调的油价和每天的“份儿钱”心烦不已，他每天做的最多的事情就是和周围的司机朋友以及客人抱怨这些。眼看着自己的生意越来越差，他的抱怨也越发多了起来。

直到有一天，他听到广播里介绍励志成功学大师韦思·戴尔博士出版的新书《心诚则灵》。戴尔说：“停止抱怨，你就能在众多的竞争者中脱颖而出。不要做一只鸭子，要做一只雄鹰，鸭子只会‘嘎嘎’地抱怨，而雄鹰则在劳苦众生中奋起高飞。”

这段话让他茅塞顿开，他决定要做一只“鹰”。他开始留心观察别的出租车，发现许多出租车很脏，司机的态度也很恶劣，于是他决心要做一些改变：每次有客人拦车，他都会主动下车帮客人打开后车门，并且递上一张精美的宣传卡片：“您好，我帮您把行李放到后备箱去，您可以先看看我们的服务宗旨。”卡片上面写着：在友好的氛围中，将我的客人最快捷、最安全、最省钱地送达目的地。开车之前，他会问客人：“想来一杯咖啡吗？我的保温瓶里有普通咖啡和脱咖啡因的咖啡。”如果乘客说：“我不喝咖啡，只喝软饮料。”他会微笑道：“没关系，我这儿还有可乐和橙汁。”客人往往会惊讶得有些结巴：“那就来一罐……可乐吧。”另外，如果路途比较远，他还提供各种报纸杂志，还有一张专门准备的音乐广播节目单。他不再有任何抱怨，而是尽心尽力地为客人服务：问客人空调温度是否合适？问客人对这次走的路线是否有更好的建议……

从开始学做“鹰”的第一年，这位出租车司机的收入就翻了一番，之后的几年里甚至还有几番的时候。而现在，他很多时候甚至已经不需要在停车场里等待客人，他的客人都会打他的手机预约。他也曾把自己的方法讲给50多个出租车司机听，但只有几位对此感兴趣并仿效了他的做法。而其他那些司机，仍然喋喋不休地抱怨着他们越来越差的境况。

当这个司机不再抱怨，他的人生就变得不平凡起来，因为一个优秀的人永远不会抱怨。

其实，一个人对自己目前的环境不满意，唯一的办法就是让自己战胜这个环境。这就好比人走路，当你不得不走过一段险恶狭窄的路段时，唯一的办法就是打起精神，克服苦难，战胜险阻，把这段路走过去，而不是停在途中抱怨，或索性坐在那里打盹，去听天由命。

所以，处于不如意环境的人，不但不能消沉停顿，反而要拿出加倍积极乐观的精神来面对目前的环境，使时光不至于白白浪费。如果你是在不理想的学校读书的学生，那么，与其厌烦这所学校，懒得用功，怕见以前的同学，还不如想办法让自己喜欢这所学校，努力进取，把自己以前所荒废的知识充实起来，你在这个学校一样可以有好成绩。或因功课学得好，再把握机会考进好的学校。那些对眼前工作不满意的人也是一样，每一位领导或主管都喜欢提拔那些肯埋头努力、认真工作的人。假如你工作认真，晋升的机会就多。如果你自以为大材小用，一肚子委屈与牢骚，成天懒懒散散，对工作敷衍了事，那么即使有了机会，也不会轮到你头上。

当然，抱怨作为人性中的一种自我防卫机制，要完全断绝很难。但我们至少应该做到在抱怨的时候提醒自己，这个抱怨只是暂时的出气宣泄，可做心灵的麻醉剂，但绝不是心灵的解救药方。只有把抱怨的时间用在调动自己全部的智力上，全力以赴，勤勤恳恳地把自己的工作做得比别人更完美，才对得起最宝贵的青春和最珍贵的机会。

总之，不要再对自己目前所发生、所拥有的进行抱怨或不满了。即使它们可能是不好的、贫乏的，但既然没有办法改变，你就只好迁就既有的一切，并从中去发现出路和希望。如果所有人都能停止抱怨，把对问题抱怨的时间花在对解决问题的建议上，那么每个人都能有所进步。

延伸阅读：“二分法”——解除抱怨的思维方式

定义：所谓“二分法”就是把自己所面对的“抱怨”一分为二，一半是自己能决定并解决的，一半是自己不能决定和解决的。

方法：如果“抱怨”属于前者，比如“抱怨自己能力不够”，那么我们就完全可以想办法来提高自己的能力，达到自己期望的目标；如果“抱怨”属于后者，比如“抱怨下雨的天气”，那么我们只有调整心态以“屈就”环境了；如果两者兼而有之，我们就要对其进行更为具体的分析，再分出一个“二”来。

要旨：“二分法”的要旨在于，我们要把精力用于自己能够发挥作用的领域或范围，而不是在自己不能作为的地方空费神，无济于事。

清闲是另一种地狱

如果凡事不用努力就唾手可得，就永远无法体会到真正的幸福和生命的价值。

现代社会，惰性太盛。一方面，“干得好不如嫁得好”“学习好不如有个好爸爸”等思想造成很多人“耐得住寂寞，经得起安逸”；另一方面，来自学习、工作和生活的种种压力，让很多人身心俱疲，往往就会将安逸的生活作为自己追求的生活方式。不过，当你真的让自己终日无所事事、随心所欲的话，就会发现，这样的生活其实并无幸福可言。

因为很多时候，贪图安逸正是不幸的根源。它是生命的麻醉剂，让你在不知不觉中毁掉自己；它是充满诱惑的洞天福地，让你在无声无息中湮灭灵魂。它使人生懒惰之心，起散漫之意，不思进取，浑噩一生。世上谁要是贪图安逸的生活，谁的悲剧和毁灭也将要来到了。

相传在古老的欧洲，有一个劳碌了一辈子的人，死后终于可以升入天堂了。

就在去天堂的路上，他遇见一座金碧辉煌的宫殿。宫殿的主人请他留下来居住。

这个人对宫殿的主人说："我在人世间辛辛苦苦地忙碌了一辈子，我现在只想吃，只想睡，我讨厌工作。"

宫殿的主人回答道："我保证没有任何事情需要你做！而且，我这里有山珍海味，你想吃什么就吃什么，也不会有人来阻止你；我这里还有舒服的床铺，你想睡多久就睡多久，更不会有人来打扰你！"

于是，这个人就住了下来。

一开始，他吃了睡，睡了吃，感到非常快乐。不过，渐渐地，他觉得有点寂寞和空虚了，于是他就去见宫殿的主人，抱怨道："这种每天吃吃睡睡的日子过久了也没有意思。我现在是脑满肠肥了，对这种生活已经提不起一点兴趣了。你能否为我找一份工作？"

宫殿的主人答道："对不起，我们这里从来就不曾有过工作。"

又过了几个月，这个人实在忍不住了，又去见宫殿的主人："这种日子我实在受不了了！如果你不给我找份工作，我宁愿去下地狱，也不要再住在这里了！"

宫殿的主人轻蔑地看着他笑了："你以为这里是天堂吗？这里本来就是地狱！"

过多的清闲、安逸，原来就是另一种地狱。所以，我们最好不要让自己追求太安逸的生活，太安逸就意味着太清闲，太清闲就会太无聊，太无聊则会太空虚，只有有所从事，有目标去追逐，人才会过得充实，活出真正的价值。

现实生活中，我们总是抱怨自己工资待遇低，工作环境差，工作任务大，社会竞争大……其实，大多是没有真正理解工作的意义。诚然，我们需要工作来解决我们的基本生存问题，但如果工作的意义只在于糊口，那么我们的人生未免显得太无趣了。实际上，工作的意义要大得多：工作是一项特权，它带来比维持生活更多的事物；工作是所有生意的基础，所有繁荣的来源，也是天才的塑造者；工作使年轻人奋发有为，比父母做得更多，不管他们多么有钱；工作以最卑微的储蓄表示出来，并奠定幸福的基础，是增添生命味道的食盐……正如俾斯麦所说："工作是生活的第一要义，不工作，生命就会变得空虚，就会变得毫无意义，也不会有乐趣。没有人游手好闲却能感受到真正的快乐，对于刚刚跨入生活门坎的年轻人来说，我的建议只是三个词：工作，工作，工作！"

还有一些人，是抱着"工作是为了老板""只做好分内的事就行了"的思想在工作，多做一点就觉得自己吃亏了。觉得自己的工作没有意义，或者说即使多付出，也看不到获得巨大收获的希望，便开始消极怠工、心猿意马。但实际上，过于纠结于事情的结果，或过于斤斤计较自己付出的代价，就免不了会错失许多良机，或者给本应快乐充实的奋斗过程背上沉重而痛苦的包袱，而结果也只能是空无一物。而每天多付出一点点并不会把你累垮，相反，这种积极主动的工作态度将使你更加敏捷主动，才可以给自我的提升创造更多的机会。

其实，工作或做事，不一定要带着什么目的。就像农民种庄稼，总是全心全意地耕耘，不管收获多少。因为他们知道丰收的必然已经孕育在勤勤恳恳的耕耘之中。收获来自两个方面，一方面外在的收获，一方面内在的收获。由于你的付出，你必然得到来自他人和外部世界的反馈，由于你的付出，你必然得到来自心灵内部的舒畅和愉悦。即使由于某种原因没有得到回报，因为你不是为了收获而付出的，所以你摆脱了人生没有收获的烦恼，摆脱了得不到的痛苦，这不正是你的硕果累累的收获吗？而且，很多时候，越是不图回报和收获，就越是能够尽心尽力地去工作，就越是享受工作的过程和乐趣，也就越能够得到丰厚的回报和收获。"山不问高，仍然傲然挺立，高耸入天；河不问长，仍然奔流到海，不舍昼夜。"等到积之久矣，自然水到渠成。

事实上，很多时候，我们自己也是深有体会的：当我们忙碌、有目标的时候，会觉得每天都过得充实，朝气蓬勃；只是吃喝玩乐，常常会觉得人生相当无趣。因为努力去完成自己的心愿才是人生最大的乐事，如果凡事不用努力就唾手可得，就永远无法体会到真正的幸福和生命的价值。套用纪伯伦的一句话“工作是看得见的爱”，我们可以说工作是看得见的幸福，通过做事来爱生命，才能领悟幸福的真正滋味。

延伸阅读：小方法帮你释放工作中的压力

倾诉——很多人总是习惯包裹着自己，不愿意向外界倾诉，尤其是不愿向家人、配偶流露真情。如若这样，找一个能理解自己的人倾诉，也不失为一个好办法。

写作——“把烦恼写出来。”美国心理协会倍加推崇写作减压这种方式，写作的内容是什么呢？你的压力体验，你生理、心理上的一切烦恼。

大笑——笑是心理健康的润滑剂，它有利于驱走烦恼，消除心理疲劳。当你发自内心地大笑时，体内引起压力的激素可的松和肾上腺素开始下降，免疫力增强。这种效果能持续24小时。有趣的是，当你预感即将大笑时，这种效果就已经开始了。

听歌——音乐可促进你身体和心理的放松，缓解紧张的情绪，减轻心理压力。如当你心情沮丧、闷闷不乐时，打开唱机，听听歌曲，你不仅可享受到一种美的艺术，而且可陶冶情操，激发热情，兴奋大脑，使你从中获得生活的力量和勇气。

睡觉——睡眠不足容易侵犯人体的T细胞，人体的T细胞是负责对抗外来细菌的，而且疲惫的身心更容易产生压力，一个有充足睡眠的人一定比经常性失眠的人压力耐受力大，并且也较能应付环境的变迁。

运动——慢跑、快走是一种缓解压力的好办法，而且简便易行。除了减压，慢跑、快走还对身体健康很有帮助。

速度与激情

没有激情，就没有任何事业可言。

在非洲的一个草原上，每天早晨，斑马一睁开眼，想到的第一件事就是：我必须跑得更快，否则，我就会被豹子吃掉。而同一时刻，豹子从睡梦中醒来，首先闪现在脑海的是：我必须跑得更快一些，追上更多的斑马，要不然我就会饿死。于是，几乎同时，斑马与豹子一跃而起，迎着朝阳竞跑。

这是每天发生在大草原上的一幕，每天都在上演的奔跑比赛。这场比赛没有任何外在的力量在导演，它们奔跑完全是来自内心的驱使——要么生存，要么死亡。只有"为自己跑起来"才能生存，也只有跑起来的动物才能获得比同类更好的生存环境，不管是主动攻击的动物还是被攻击的动物。

"为自己跑起来"是动物界永恒的法则。事实上，它同样适用于我们人类。我们面对的世界，是一个更加充满变数并且竞争非常激烈的世界，跑得快不快，很可能成为决定成功与失败的关键。

不过，现实情况却是，很多人的内心中早已失去了"为了自己而奔跑"的动力。他们享受现代文明的成果，他们漠视自己内在的动机和需求，他们只要求索取和坐享其成，他们为自己寻找各种理由和借口，他们认为优秀是别人的事。不信看看我们自己和我们周围的人，有多少人是只有在形势所迫时才去工作，对于自己身上的潜力无动于衷，遇到事情总是敷衍塞责，宁愿待在原地也不肯花点心思向上攀登。这些人私下里认为自己很聪明，他们满足于混日子，敷衍了事，浑水摸鱼，过一天算一天，日复一日、年复一年地浪费自己宝贵的青春、生命、大好前程。

有这样一对好朋友：她们在同一家公司上班，做着同样的打字员工作，还住在一起。可是这样亲密的两个人，却有着两种截然不同的性格——小J性格内向，但对生活充满了激情；小T看似热情，却过着颓废的生活。

每天，当小J走出家门的时候，小T还赖在床上；当小J安排好了一切，开始有条不紊地工作的时候，小T才刚刚踏进公司的大门；当小J结束了一天的工作，开始计划明天的时候，小T还在抱怨今天的工作如何繁重。

打字不是一件有趣的工作，所以小T搞不懂小J怎么会时刻保持着激情。其实，刚开始工作的时候，小J也有厌烦情绪。日复一日地敲击着键盘，天天面对着枯燥的文字，刚一上班，小J就开始盼望下班。有一天，小J看着眼前的电脑，居然冒出了把它砸掉的念头。这个念头让小J瞬间清醒了，她意识到“自己的心态出了问题”。于是她认真地反省自己的行为并决定转变自己的工作态度。

也就是从那天起，小J不再把打字当成是一种枯燥的工作，而是把打字看成是一种挑战。她不再计较工作的繁重，反倒在工作中开始了比赛——自己跟自己比赛。她制定了一个目标（比如80字／分钟），然后超越它，再制定，再超越，如此反复。等到自己的打字速度无法再提高的时候，再寻找下一个比赛项目。

就这样，小J不仅消除了厌烦情绪，还让自己的工作效率得到了很大的提高。

当小T向小J请教工作方法的时候，小J如实告诉了她，可是小T对此不以为然。她不觉得这样的方法有趣，反倒认为小J的想法不正常，所以在以后的工作中她依然懒惰、颓废。

就这样，小J每天都激情四射地工作着，小T却一再颓废、消沉。最后，小J升职了，调去做更有发展的工作；而小T却被辞退了。

激情，就是这样一种神奇的力量，凭借激情，我们可以释放出潜在的巨大能量，培养出一种坚强的个性；凭借激情，我们可以把枯燥乏味的工作变得有趣，使自己充满活力，培养自己对事业的不懈追求；凭借激情，我们可以获得老板的提拔和重用，赢得宝贵的成长和发展的机会。

其实，有的时候，无论做什么事情，我们总会因为自己的状态不佳或者精力不够而将应该做到的事情搁置在旁边，或者迟迟不肯去付诸行动，只是静静等待一种灵感的到来。但光是拖延和等待是万万不行的，我们要想让事情力达完美，就必须在自己的身上找到那股魔法般的力量，一直不停地朝向前，敢于去做，不怕犯错，不怕失败。

也许很多人都会说：谁愿意一上班就无精打采，谁愿意一遇到问题就往后退，我也希望有激情，我也希望创一番辉煌的事业，可问题是，我到哪里去寻找激情？

有一点需要提醒你：永远别指望激情主动来找你，激情不来自于外在，而来自于你自己的心里。来自于一个人对生活的美好追求，来自于对自己现状的叛逆和改变，来自于一个人坚定的性格和信念。无论你是斑马还是豹子，每当太阳从东方升起的时候，都应该毫不犹豫地向前奔跑！

其实，我们不仅仅要让速度与激情贯穿于我们的青春，在人生的每一个驿站、每一个瞬间，我们若消极懈怠、不思上进，都必被时代抛得老远，或是淘汰出局。所以，任何时候，只要我们已经认定了某个梦想、确定了某一方案，首先想到的就应该是如何赶快开始，如何激情满满地将自己的想法变为实际的行动。这样，最终必将获得我们想要的一切。

延伸阅读：4个小动作唤醒激情

1. 兴趣空当。每天花一点时间在自己最喜欢的兴趣上，比如利用上班前和另一半吃顿早餐；晚饭后整理阳台的花花草草，或上网和计算机玩15分钟的围棋。如此会让你更容易找回对工作的热情。

2. 骄傲卡片。准备一张小卡片，每天至少写下3件让你感到骄傲的事情。这里指的不是你今天又接到一笔多大的单子，而是你曾经为目标付出过的百分之百努力的过程。

3.“奖状”栏。在家里你最常经过的一面墙上，挂上一个能够展现自我价值的“奖状”小小公布栏。它可能是一份辛苦设计的提案报告封面；也可能是被老板称赞的一封Email；还可以是生日时同事合送你的干花。每天看一眼，你就能吸收它带给你的正面能量。当然也要记得每个月更新。

4. 禁止标志。停止任何负面的、责备自己的想法，专注于如何解决问题。可以在电话或电脑旁贴一个禁止标志，提醒自己不要陷入负面的思考中。

荣耀，不是用来享受的

荣耀只是代表了对你以前的努力做出的肯定。如果你躺在荣耀簿上睡大觉，荣誉就将变成你的负担，让你停止不前，你也绝不会有更大的进步！

很多时候，荣耀代表的是敬仰夹杂羡慕的目光，是镁光灯追随的目标，也是志得意满和踌躇满志的依仗物，因此，面对荣耀，能保持清醒者寥寥无几。我们总是很难说服自己去拒绝它，而是兴致勃勃地迎接它，并把它戴在头顶上四处张扬。殊不知，荣耀的桂冠下面，暗藏着一把夺命的利剑。如果你放不下荣耀的诱惑，必然会被虚名所累。

残疾人运动大会上，有三个特别的人来报名参加游泳比赛：一位失去了双腿，一位失去了双臂，另一位双腿双臂都失去了。

接待他们的工作人员小心翼翼地问这三个人：“请问，你们用什么方式游泳呢？”失去了双腿的选手说用双手游泳，失去了双手的选手说用双腿游泳。当问到那既没有双臂又没有双腿的人时，他微笑着回答说：“我用耳朵游泳！”

试泳时，三个人的成绩都不错。特别是那位既没有双臂又没有双腿的选手，因为长时间的锻炼，他那两只耳朵像两片船桨，强健而灵活。因此他那失去四肢的躯体犹如一条破浪而行的鲨鱼，速度远远超过前两人。人们都私下里议论，一项伟大的纪录将会在他身上诞生。

比赛终于要开始了，整个运动场都挤满了人，而且当失去四肢的那位选手出现的时候，整个会场一片欢腾，因为人们都想目睹那位失去四肢的选手的风采。

发令枪响后，运动员们如三条鱼一般钻入水中，向前推进。人们看到的只是浪花四射，谁先谁后无法看清。

当结果出来时，人们并没有在名次中发现自己渴望的英雄——那个失去四肢的人。后来，人们在游泳池里发现了已经被淹死的他，他的头上戴着一顶漂亮的游泳帽，遮住了他那神奇的耳朵。原来，按照游泳场的规定，比赛前，在参赛的选手中有一人能戴上一顶象征着荣耀的游泳帽，他就是根据观众的意向选出来的人们公认的最有可能成为英雄的人。

英雄却被一顶象征荣耀的游泳帽杀死了，实在令人遗憾。虽说我们要懂得珍惜荣耀，也要为自己争取荣耀，但绝不能被荣耀所累，也不能被荣耀打败。其实，一个人的尊严往往并非在于他所获得的荣耀，而在于他本身是否真正值得这荣耀。如果你不能跳出荣耀怪圈，就会像失去四肢的泳者那样被掩住耳朵，最终被荣耀所累，丧命于荣耀之下。

然而，几乎所有的人，包括我们自己，却经常会有一种强烈的“荣耀感”。或许是以出生于一个良好家庭为荣，或许是以进入一所名牌大学读书为荣，还可能是以有机会在国际大公司工作为荣。当然，我们也不能说这种荣耀感是不正当的，但如果过分迷恋这份荣耀，那么人生的境界就不可能太高，事业的格局就不可能太大。因为人在辉煌中，最容易迷失自己。会为自己的过去所缠缚，不是胆战心惊害怕达不到那个高度，就是沾沾自喜看不到可畏的后生。只有忘记过去的成功，重新开始，你才可能再度成功。

登领奖台，是令人期待的，但也着实很辛苦，鲜花同时是荆棘，掌声很可能成为以后生涯的“倒彩”。成功的后面，只有你自己才知道会有什么。如果你总是对昔日的成功念念不忘，试图躺在荣耀簿上睡大觉，那么，成功的后面就必然是失败。如果认识到以前的成功只能说明自己的过去，那么，成功的后面还是成功。

当我们陶醉于自己的所谓“成功”时，我们已经被真正的成功者看成了失败者。所以，在生活中，我们要学会时常给自己归零，让人生随时都可以从零开始。这是对人生历练后的一种沉淀，是放弃虚华的一种表现，不但可以使我们的心灵得到解脱，还能让我们重新认识和塑造自我，以备今后可以更好地投入生活。

延伸阅读：什么是归零心态？

归零心态，其实就是空杯、谦虚的心态。它的起源要追溯到上古时代：一个佛学造诣很深的人，去拜访一位德高望重的老禅师。老禅师的徒弟接待他时，他态度傲慢。后来老禅师恭敬地接待了他，并为他沏茶。可在倒水时，明明杯子已经满了，老禅师还不停地倒。他不解地问：“大师，为什么杯子已经满了，还要往里倒？”大师说：“是啊，既然已满了，干吗还倒呢？”访客恍然大悟，羞愧离去。

可见，归零心态，就是把自己心灵里的一切清空，把已经拥有的一切剥除，一切归于零的心态。顺境时，把自己适时“归零”，可以戒骄戒躁，消除“傲慢”之气，不把成功当“包袱”背起来；逆境时，固然会失去很多，但能够在失去时勇于“归零”，才能重新面对自己，从头开始，积极奋斗。无论何种境况，只要能适时把自己“归零”，总是海阔天空，心胸豁达。

把每一天当做生命的最后一天

假如今天是我生命中的最后一天，我该怎么办？忘记昨天，也不要痴想明天。明天是一个未知数，为什么要把今天的精力浪费在未知的事上？

当青春还在，我们就会觉得自己离死亡还很遥远，所以对于惰性，我们也就“听之任之”了。于是，我们把今天的憧憬保留在明天去实现，把今天的理想留给后天去实践，把今天的计划留给大后天去执行，整日坐视种种憧憬、理想、计划的幻灭和消失……

而事实上，没有谁知道自己能活多久。假如今天就是你人生中的最后一天呢？你还会这样过吗？

我相信你一定会抓住这宝贵的时间，想你该想的、做你该做的、拥有你该拥有的，付出你的真心、你的真情、你的真爱、你的精力、你的大度、你的宽容、你的包容，帮助更多需要帮助的人，做更多的善事和好事，让爱你的人更爱你，关心你的人更关心你，使生命不留遗憾！

在美国硅谷，可能没有人比史蒂夫·乔布斯更具有传奇色彩了。比尔·盖茨虽然没有大学毕业，毕竟正儿八经地上了两年。但乔布斯只读了半年大学，又旁听了一段时间，然后就彻底离开了学校。不过，“开创和发展个人电脑工业”让他成为了美国工程院唯一一个没有在大学读完一年书的院士。

在斯坦福大学的毕业典礼上，乔布斯说了下面一段话：

“在17岁那年，我读过一句格言，大概内容是：‘如果你把每一天都当成生命里的最后一天，你将在这一天发现，原来一切皆在掌握之中。’这句话从读到之日起，就对我产生了深远的影响：在过去33年里，我每天早晨都对着镜子问自己：‘如果今天是我生命的最后一天，我还愿意做我今天原本应该做的事情吗？’当一连好多天答案都是否定的时候，我就知道，做出改变的时刻到了。

“大约一年前，我被诊断出癌症。在早晨7：30我做了一个检查，扫描结果清楚地显示我的胰脏出现了一个肿瘤。医生告诉我，几乎可以确定这是一种不治之症，顶多还能活3至6个月。医生建议我回家，把诸事安排妥当，这是医生对临终病人的标准用语。这意味着，我得把今后10年要对子女说的话用几个月的时间说完；这意味着，我得把一切都安排妥当，尽可能减少我的家人在我身后的负担；这还意味着，向众人告别的时间到了。

“我整天和那个诊断书一起生活，直到有一天早上医生给我做了一个切片检查。结果，大夫们从显微镜下观察了细胞组织之后，惊讶得集体尖叫了起来：因为那是一种非常罕见的，可以通过手术治疗的胰脏癌。

“这是我最接近死亡的一次。我能够更肯定地告诉你们：没人想死，即使想去天堂的人，也是希望能够活着进去。死亡是我们每个人的人生终点站，没人能够成为例外。生命就是如此，因为死亡很可能是生命最好的造物，它是生命更迭的媒介，送走耄耋老者，给新生代让路。

“现在你们还是新生代，但不久的将来你们也将逐渐老去，被送出人生的舞台；很抱歉，我说得这么富有戏剧性，但生命就是如此。你们的时间有限，所以不要把时间浪费在重复其他人的生活上。不要被条条框框束缚，否则你就生活在他人思考的结果里。不要让他人的观点所发出的声音淹没自己内心的声音。最为重要的是，要有遵从自己内心和直觉的勇气，它们可能已经知道你其实想成为一个什么样的人——其他事物都是次要的。”

乔布斯用他的亲身经历告诫我们：每一天都应该成为你生命中的最后一天，你要把它设计成你生命中最美好的一天。你会每一分钟都换取有价值的东西，你会比以往更加努力劳动、做事，阅读更多的书籍，赚比以往更多的钱。这样过完人生才会让你无怨无悔。

生命，当我们拥有时，我们总是察觉不到它的美好。因此，许多人把每一天当做一生来过，慢慢腾腾、老气横秋；而有的人把一生当做一天来过，总是充满生气，充满紧迫感，因而做出重大的成绩。正如臧克家在他的诗中所说："有的人死了但还活着，有的人活着却已经死了。"追求幸福的人活着一天，贡献一天，而消极度日的人，即使活到百岁，也不过是苟延残喘而已。

重视每一天，其实也就是意味着连现在的一小时也要重视，重视一小时也就是连目前的一分钟、一秒钟也要重视。事实上，凡在事业上有所成就的人，都有一个共同的特征，那就是——抓住生活中的分分秒秒，不图清闲，不贪逸趣，敢于与时间赛跑。出身贫寒，却因为不断努力而闻名世界的法国昆虫学家法布尔就曾说过："忙得连一分钟休假时间都没有，对我来说才是最幸福的事。"每一个人都应该养成这样一种习惯，珍惜和利用好生命中的分分秒秒，抓紧任何一点闲散的时光。

例如，常有人说，要写一本书实在是一件大事情。但目前工薪阶层的人，一边上班、一边写小说的人却愈来愈多。他们因对公司的工作不敢偷懒，所以写小说的时间实在很少。因此他们都利用上班前的5分钟来写小说，这样慢慢地写下去，不久就可以完成一本书！只要能够养成珍惜每一刻而去努力的习惯，这样累积下去就会产生出好的结果来。

没有一个人能够阻挡住死亡的脚步，也没有一个人能让青春重新来过。在每天早上睁开眼睛时，你都要告诉自己，这是特别的一天，每一分钟、每一秒钟都是那么可贵。如果你可以把每天都当成生命中的最后一天来过，对于你的人生、对于你的亲人、对于你的朋友、对于你的同事、对于你的工作、对于你的家庭、对于你的时间管理都会有太大的不同和感受。这样去做，一定会使你的时间利用率高、生活质量高、生命价值大，人生会活得更加有意义。

延伸阅读：10个实用的时间管理方法

1. 定制目标：目标对有效的时间管理很有用。

2. 按照重要程度排序：如果你有太多的目标，那就认真地管理它们。每天优先完成最重要的5个目标。

3. 集中精力完成最重要的任务：有了目标后，就要制定完成目标的任务。例如，如果你的目标是健康，那你就要每天尽早煅炼身体。

4. 用金钱衡量时间：如果你知道你的一小时值多少钱，时间管理就变得容易得多。如果一小时值600美元，那么你就知道了在脸谱上浪费的30分钟相当于300美元。

5. 不要太执着于完美：你想把每一件事都做得完美无缺。但是，完美只能浪费时间。在适当的时候放手不是一件坏事。

6. 为每个任务设置一个时限：如果通常要花3个小时完成一个任务，那么，你可以将时限设置成3小时。你就会惊奇地发现，你在时限内完成了所给任务。

7. 试着为每天的工作制定时间表：每天早上上班前，或者每天晚上睡觉前，专为每天的工作制定时间表，这样你会更快地完成工作。

8. 将大的目标转换成几个任务分别完成：你可以将每个目标分成几个步骤完成，并且给每个步骤制定时限。这样你就可以很快地完成目标。

9. 可以将某项任务交给别人：比如像浏览邮件等工作，不是很重要，又费时，如果可以，何不将它将交付给别人呢？

10. 给每个步骤制定时限：工作时限很重要。如果一个工作任务下达时没有给你规定时限，你自己也应该设定一个时限。它真的很实用，你将会为自己变得如此的高效率而惊奇。

四、勿纵
——穿过青春的迷雾，才能真正成长

青春，承载着我们未来的走向。未来是什么样子的，完全取决于我们的青春是怎么走的，我们走得好，未来就好。当然，我们走不好，未来就不会发生奇迹。

青春是经不起挥霍的

青春，它不是我们挥霍的资本，而应该是我们成长的历练，是而立之年的基石，是我们更为漫长生命之路的前奏。

在我们的一生中，时间是有限的，也是这个世界上唯一可以称得上完全公平的事物，因为每个人的每一天都是在相同的时间中度过的。所以即使你只有二十几岁，也不要以为有大把时间供你挥霍。影片《唐山大地震》中徐帆饰演的母亲元妮的一句“没了，才知道什么是没了”，让观众无不潸然泪下。对于生命是如此，对于亲人的离去是如此，对于青春的逝去，何尝不是如此？我们应该在有限的青春里争取获得更多的东西，这也是一些人获得成功的诀窍。

从前，有个流浪的艺人，虽然才四十几岁，但是骨瘦如柴，形容枯槁，医生诊断结果是肝癌晚期，临终前，他把年仅16岁的独子找来，叮咛着：“你要好好读书，不要像我少壮不努力，老来没成就。我年轻时好勇斗狠，日夜颠倒，烟酒都来，正值壮年就得了绝症。你要谨记在心，不要再走我的老路。我没读什么书，没什么大道理可以教你，但你要记住把‘少壮不努力，老来没成就’这句话传下去。”

说完，他咽下最后一口气，16岁的儿子却懵懵懂懂地站立一旁。

长大后，儿子仍然在酒家、赌场闹事，有一次与客人起冲突，因出手过重而闹出人命，被捕坐牢。出狱后，人事全非，发觉不能再走老路，但是却无一技之长，无法找个正当的工作，只好下定决心，回到乡下，靠做一些杂活维生。

由于他年轻时无法体会父亲交代的遗言，耽误终身大事，年近半百才成婚。虽然年事渐长，逐渐能体会父亲临终前交代的话，但似乎为时已晚。他的体力一天不如一天，一年不如一年，面对着无法撑持起来的家，心里有着无限的忏悔与悲伤。

有个夜晚，他喝点酒，带着酒意，把16岁的儿子叫到跟前。他先是一愣，这不就是当年16岁的自己啊！父亲临终前交代遗言的景象在脑海中显现，他有些自责地喃喃自语："我怎么没把那句话听进去啊。"

说着，眼泪直滴脸颊，儿子站在面前，懂事地安慰他说："爸爸，您喝醉了，早点休息吧！"

"我没有醉，我要把你爷爷交代我的话告诉你，你要牢牢记住。"

"爸爸！什么话这么慎重呀！"

"当年你爷爷临终时交代我不可以'少壮不努力，老来没成就'，我没听进去，也没听懂。结果我费尽一生才体会出这一句话的道理，但为时已晚。"

"这句话不是人人都知道吗？"

"是啊。但是，并不是每个人都愿意从年轻时就努力奋发向上。一定要年轻时就学好，不然老了就像我一无是处。你一定要认真对待这句话。希望你好好做人，将来儿孙都能成才，不必再把这句话当遗言交代了。"

"少壮不努力，老大徒伤悲。"这是一句熟得令人生厌的话，但是尽管大人们一再提起，多数青少年却并没有懂，甚至于听而不闻，实在可惜。这一句话不知是多少前人，在试炼多少次失败后，所凝聚的一句真理。还在挥霍时间的年轻人，你们是不是也应该警醒了？

其实，我们每个人都应该给自己算一笔时间账，自己在某方面花费了，或即将花费多长时间，将获得什么样的收益。这种收益可以是快乐、金钱、名誉、自我价值等。然而，现实生活中，很多年轻人在时间花费上的特点，往往都是以得到享乐为目的。他们把大把的时间消费在享乐上，而忽视了其他应得到的。这种时间消费的失衡必然会影响他们今后的生活。这些人其实是可悲的。他们眼睁睁地看着啤酒、游戏、小说、肥皂剧等强行拿走了自己的时间和青春，却不加以阻挡，还感觉"很酷”“很刺激”“很舒服”。等到了30多岁，发现同龄人用他们的青春时光换取到大量的财富而自己却一无所有时，才后悔莫及。而当他们想奋起直追，却发现自己已经不是原来那个精力旺盛的年轻人，很多事做起来已经力不从心，将来的日子一定会过得很艰难。

看来，我们放走了青春的同时，也就放弃了成功的有利条件。很多人之所以成功，是因为他们抓住了这个条件，不仅懂得珍惜时间，而且知道如何管理时间。他们把别人用来喝咖啡、闲逛的时间投入到工作中，把别人用来玩游戏、看小说的时间用来思考。

正如华罗庚所说："成功的人无一不是利用时间的能手！"时间就是一切，它能让我们获得一切，也能让我们失去一切。如果你现在仍将时间消耗在麻将桌上、电子游戏厅里，甚至是歌舞厅里，那你简直就是自己一生的罪人，因为你正为自己的后半生挖掘坟墓！

延伸阅读：有效的时间管理准则

下面这40道自我测验题目，就是管理专家所倡议的"有效的时间管理准则"。每个希望在35岁以前成功的人，都应该至少每隔6个月进行一次自我检测，以期最有效率地利用时间。

1. 我是否定下一套明确的远期、中期与近期目标？

2. 对于下星期想从事的工作我是否已有清晰的概念？

3. 在一个工作日开始之前，我是否已编妥该工作日之工作次序？

4. 我是否以事实之重要性而非以其紧迫性作为编排行事优先次序的依据？

5. 我是否把注意力集中于目标而非集中于程序，又是否以绩效而非以活动量作为自我考核之依据？

6. 我是否在富于效率的时间内做重要的事？

7. 我今天是否为达成远期、中期或近期目标做过某些事？

8. 我是否每天都保留少量的时间做计划，并思考与我的工作有关的问题？

9. 我是否善用上下班的时间？

10. 我是否故意减少中午的食量，以免在下午打瞌睡？

11. 我是否对自己的作息时间做松弛的安排，以令自己拥有时间应付突发的危机及意外事件？

12. 我是否尽量将工作授权他人处理？

13. 我是否将具挑战性的工作以及具例行性的工作都授权他人处理？

14. 我是否根据“权责相称”之原则从事授权？

15. 我是否一意遏止部属对他们感到困难或不耐烦的工作进行“反授权”？

16. 我是否有效地利用部属之协助以令自己对时间获致较佳之掌握，而同时避免令自己成为浪费部属时间的瓶颈？

17. 我是否采取某些步骤以防止一些无用的资料及刊物摆置在我的办公桌上并占用我的时间？

18. 当我有所选择时，我是否尝试以电话或亲身到访的形式去处理事情，而只有在无可避免的情况下才利用书面的形式沟通？

19. 除了在例外情况下，我是否尝试在下班后把工作置之不理？

20. 倘若需要加班，而且可自由选择加班时间，我是否宁可提早上班而不延迟下班？

21. 我是否迫使自己迅速地做出一些微小的决策？

22. 我是否在获致关键性资料的第一时间即从事决策之制定？

23. 对循环性的危机，我是否经常保持警觉，并采取遏止的行动？

24. 我是否经常为自己及他人定下工作的完成时限？

25. 最近我是否终止任何毫无益处的经常性工作或例行性活动？

26. 我是否在口袋中或手提包中，携带一些物件，以偶然空余时间（如在排队时，在等候室中、在火车上或在飞机上）取出处理？

27. 当我面对许多需要解决的问题时，我是否应用“80/20 原理”（即指只掌握 20% 的重要问题，而不受 80% 的不重要的问题所羁绊）以对付之？

28. 我是否真正能够控制自己的时间？我的行动是否取决于自己，非取决于环境，或他人之优先次序？

29. 我是否试图对每一种文件只做一次性处理？

30. 我是否积极地设法避免常见的干扰（如访客、会议、电话等）持续妨碍我每天的工作？

31. 我是否尝试面对现实，思考现在需要做的事情，而非缅怀过去之成败或担心未来之一切？

32. 我是否将时间的货币价值铭记于心中？

33. 我是否腾出一些时间为部属提供训练？

34. 我是否尽量将电话集中在一起打？在打电话之前是否先准备好有关的资料？

35. 我是否拥有一套处置各类文件的系统？

36. 我是否有时采取“门户封闭”政策以免工作受到他人的干扰？

37. 在一天工作完了时我是否自问：哪些工作无法按原定计划进行？无法按原定计划进行的原因何在？以后如何补救？

38. 在我筹备会议之前，我是否先探寻取代会议的各种可行途径？

39. 开会时我是否讲求技巧以增进会议的效率与效能？

40. 我是否定期检视自己的时间支配方式以确定有无重蹈以往的各种时间陷阱？

自律得自由

缺少了自律的才华，就好像穿上溜冰鞋的八爪鱼。看起来动作不断，却搞不清楚到底是往前、往后，还是原地打转。

其实，谁都知道好吃懒做、不务正业、贪图享乐、玩物丧志、自暴自弃、狂妄自大等行为可耻，可就是有人乐此不疲，何故？

缺乏自律也！“自律”，《辞海》中解释为自我约束力，就是在该做的时候，不管喜不喜欢，都去做你应该做的事情的一种能力。它是一个人走向成熟并成就一番事业的必备条件。

但很多年轻人都讨厌听到自律这个词，因为他们认为自律就会丧失自由。事实正相反——自律就是自由。史蒂芬·柯维曾经这样写道："没有自律的人是情绪、食欲和激情的奴隶。"例如，每个人都有享受美食的自由，可是当这种自由因为无限地扩张而失去控制时，自由会被束缚替代，节食和减肥就是在享受这种自由后不得不付出的代价。抽烟、喝酒也一样。当你做不到自律地享受这些自由时，那无疑是在作茧自缚，并有可能从此被剥夺享受这些自由的权利。

可见，自由并非来自"做自己高兴做的事"，或者采取一种不顾一切的态度。如果任凭感情支配自己的行动，那就会使自己成为感情的奴隶。一个人，没有比被自己的感情所奴役而更不自由的了。如果你并不希望把一生的事业变成可怕的"有期徒刑"，那就得好好管住自己。

父亲带着6岁的儿子去牧师家做客。吃早餐时，儿子把牛奶弄洒了一点。照父亲定的规矩，洒了牛奶是要受罚的，只能吃面包。虽然儿子很喜欢喝牛奶，但是最后，儿子面对主人端上来的第二杯牛奶，红着脸摇了摇头，没有接过来，他说："我洒了牛奶，就不能喝了。"

虽然牧师热情地再三劝他喝牛奶，可儿子还是不肯喝。后来，牧师看见了坐在餐桌上正在吃早餐的父亲，以为是儿子害怕父亲说他才不敢吃，于是就找了一个借口让父亲离开了餐厅。接着，主人又拿出更多好吃的点心对小男孩说："吃吧，你爸爸现在不在这里，他不会知道的。"但小男孩还是不吃，并一再说："就算爸爸不知道，可是上帝知道，我不能为了一杯牛奶而撒谎。"

牧师觉得十分震惊，他把父亲叫进客厅说了这事。父亲解释说："不，他并不是因为怕我才不喝的，而是因为从心里认识到这是约束自己的纪律，所以才不喝。"

人生中最大的敌人就是自己，如果你能战胜自己的话，那么就没有什么东西战胜不了的了。那些能取得成功的人，就因为他们永远不会纵容自己，总是严格要求自己，永远地自律。所以，在社会中他们往往是胜利者。

其实，我们的感情大都容易倾向于获得暂时的满足，所谓"今朝有酒今朝醉”。尤其是现在很多的年轻人，总是在有意无意地放纵自己，他们仗着自己年轻，有青春做资本，对生活采取玩世不恭的态度，表现得对一切都无所谓，认为这样很“潇洒”；有的人不思进取、得过且过；有的人对自己采取放任自流的态度，对自己的情绪、行为丝毫不加约束。但是人无自律，必有后患。这些人最终的结局就是毁了自己的一生。

事实上，“活在当下”的意义，绝不是采取仅使今天感到愉快的态度，而丝毫不顾及明天可能发生的后果。因此，在追求一种有意义的生活时，我们应当努力预测自己目前所从事的事情对将来可能产生的后果。

不过，自律的习惯也不是与生俱来的，而是一点一滴养成的。只要你改变纵容自己的毛病，对自己严格一点儿，时间长了，自律便成为一种习惯，一种生活方式，你的人格和情绪也因此变得更完美。

对于怠惰——养成行为规律化。自律往往和你不愿做或懒于去做但却不得不做的事情相联系。比如，刷牙洗脸是每天必须要做的事情，但是有一天你回到家筋疲力尽，如果你倒床就睡，是在放纵自己的行为；如果你克服身体上的疲惫，坚持进行洗漱，这是你自律的表现。

对于安逸——勇于挑战自我。人都是好逸恶劳的，为坚定你的信念和决心，选择一项超出自我想象的任务，全身心投入其中并坚持完成它。长此下去，你会发现自己能做到的远远超出自己原先预期的。

对于弱点——“反增法”来帮你。“反增法”跟冥想很相像。例如，下次在工作中又想玩游戏的时候，多坚持五分钟，而不是像往常那样投入游戏的怀抱。如果这个能做到，那下次就努力坚持六分钟。每次一要分心的时候就这样做。这样一来，你就会不断增强自律意识。很快，“再坚持五分钟”不再困难，你已经步入养成持久自律的轨道。

对于欲望——动机至关重要。满足欲望是人性，但不论有无满足欲望的条件，纵容自己的欲望绝不是件好事。看看巴莱克·奥巴马式的人物——接连数月致力于总统竞选，你会发现好动机不可无。这对于任何一个长期致力于某一项工作的人来说都是如此。一旦你也找到类似的动机，就要细心呵护它。你若想为他人的利益而奋斗，可千万不要想过之后就忘得一干二净，而是要时刻提醒自己。当前行的路变得艰难时，就想一想你在为何而战。这么做可以让你坚定决心，继续投入工作中。

对于情绪——可以转移注意力。如俄国著名作家屠格涅夫劝人在吵架将要发生时，可以把舌头在嘴里转上10个圈，以此提醒自己。也可以把当前的事情暂时搁下，做点自己喜欢的事情，如运动、唱歌、看书等。但是，具体时间要给自己一个限定，给自己的放纵保留一个底线。

这个世界上，没有人要把你变成什么样，只有你自己要把自己变成什么样。完善人格修养，以自律为前提地把握好自控能力，你就会成为一个人格高尚、值得他人信任的人了。

延伸阅读：果汁软糖效应

“果汁软糖效应”是由斯坦福大学心理学研究专家迈克尔·米舍尔从20世纪60年代所做的实验中得来的，它证明了自律对一个人的成功起到了何等重要的作用。

米舍尔把一些4岁左右的孩子带到一间陈设简陋的房子，然后给这些孩子每人一颗好吃的软糖，告诉他们：“我有事出去一会儿，你们可以马上吃掉软糖，但谁能坚持到我回来再吃将奖励一颗软糖，也就是说总共可以吃到两颗软糖。”结果有的孩子迫不及待地把糖吃了；有的孩子等了一会儿，但没能坚持住，也吃了那颗糖；还有些孩子为了抵制诱惑、得到第二颗糖，或咬住牙齿，或闭目低头，或喃喃自语，或玩游戏甚至去睡觉，坚持到最后。20分钟后，米舍尔回来了，坚持到最后的孩子又得到了一块软糖。

这次实验过后，心理学家继续追踪研究参加这个实验的孩子们，一直到他们高中毕业，追踪研究时间长达14年。

追踪研究结果表明：那些能等待并最后吃到两颗软糖的孩子，具有较强的适应能力和进取精神。到了青少年时期仍能等待机遇而不急于求成，他们具有一种为了更大的、更远的目标而暂时牺牲眼前利益的能力，即自控能力，而且表现得比较自信、合群、勇敢、独立；而那些急不可待只吃了一颗软糖的孩子，到了青少年时期表现得比较固执、虚荣或优柔寡断，往往会屈从于压力而逃避挑战。当欲望来的时候他们无法控制自己，一定要马上满足欲望，否则就无法静下心来继续做后面的事情。一句话，能等待的那些人的成熟程度和成功率远远高于那些不能等待的人。

交什么友，做什么人

如果你想像雄鹰一样翱翔天空，那就要和群鹰一起飞翔，而不要与燕雀为伍；如果你想驰骋大地，那就要和狼群一起奔跑，而不能与鹿羊同行。

萨加烈说："如果要求我说一些对青年有益的话，那么，我就要求你时常与比你优秀的人一起行动；就学问而言或就人生而言，这是最有益的；学习正当地尊敬他人，这是人生最大的乐趣。"

你也许会觉得这句话太庸俗，但请别误会，事实证明把有能力的人作为自己的榜样并不可耻。和勤奋的人在一起，就不会懒惰；和积极的人在一起，就不会消沉；与智者同行，就会不同凡响；与高人为伍，就能登上巅峰！

美国有一位名叫阿瑟·华卡的农家少年，在杂志上读了某些大实业家的故事，很想知道得更详细些，并希望能得到他们对后来者的忠告。

有一天，他跑到纽约，也不管几点开始办公，早上7点就到了威廉·亚斯达的事务所。

在第二间房子里，华卡立刻认出了面前那体格结实、长着一对浓眉的人是谁。高个子的亚斯达开始觉得这少年有点讨厌，然而一听少年问他："我很想知道，我怎样才能赚得百万美元？"他的表情便柔和并微笑起来。俩人竟谈了一个钟头。随后，亚斯达还告诉他该去访问的其他实业界的名人。

华卡照着亚斯达的指示，遍访了一流的商人、总编辑及银行家。

在赚钱这方面，他所得到的忠告并不见得对他有所帮助，但是能得到成功者的知遇，却给了他自信。他开始仿效他们成功的做法。

又过了两年，这个20岁的青年成为他做学徒的那家工厂的所有者。24岁时，他是一家农业机械厂的总经理，为时不到5年，他就如愿以偿地拥有百万美元的财富了。这个来自乡村粗陋木屋的少年，终于成为银行董事会的一员。

华卡在活跃于实业界的67年中，实践着他年轻时来纽约学到的基本信条，即多与有益的人相结交。

可见，结交一流人物确实能让自己更强，经常与有价值的人保持来往，回避没有价值的人际关系，不是庸俗，而是你向上的力量。

这也就是为什么有人会花数百万美元购买一个和人共进午餐的机会。我们都知道，“股神”沃伦·巴菲特是全球著名的投资商，自2000年起，巴菲特每年拍卖一次与他共享午餐的机会，并把拍卖收入捐给美国慈善机构格莱德基金会，用于帮助旧金山地区的穷人和无家可归者。这项竞拍的最低中标价格为2001年的1.8万美元，最高价——262.6411万美元——则在2011年诞生。

花这么多钱吃一顿午餐到底值不值呢？

用好莱坞的一句流行语来回答就是：“一个人能否成功，不在于你知道什么，而在于你认识谁。”这句话虽然有些绝对，但对于个人来说，确实是近朱者赤，遇强则强。你身边的人往往是影响你最深的人，你的朋友有什么样的心态，有什么样的思考方式，你多多少少也会被其感染。如果你仔细体会自身或者注意观察周围的人，一定会发现：一个人常跟喜欢发牢骚的人在一起，就学会了发牢骚；常跟爱发火的人在一起，就学会了发火；常跟邋遢、不修边幅的人在一起，也会变得不讲卫生；常跟品行不好的人在一起，就会变坏。当然，也有出淤泥而不染的，但那毕竟只有高风亮节的人才能做到。

然而现实生活中，不少人总是乐于与比自己差的人交往，这的确很值得自慰，因为藉此能产生优越感。可是从不如自己的人当中，显然是学不到什么的。而且，更坏的情况是，他们还会拉你“下水”。因为在任何一个地方都有人自知不行，却硬要挡住你上进的路，阻止你更上一层楼。有许多人因为力争上游，而被人嘲笑甚至恐吓。还有些人非常容易忌妒，看到你努力上进，力求表现，会想尽办法来作弄你，使你难堪。我们不能阻止他人成为那些无聊的消极分子，却可以不被那些消极人士影响，降低我们的思想水准。唯一的方法就是避开那些消极的人，时时跟随思想积极前进的人，跟着他们一起成长、一起进步。

当然，我们说要与伟大的朋友缔结友情，并不是以炫耀自己与大人物的关系为目的，那只会让我们显得肤浅、可怜。我们更需要的，是优秀的朋友给我们的刺激，以助长我们的勇气。结交那些希望我们快乐和成功的人，我们就在追求快乐和成功的路上迈出了最重要的一步。

不过，要与优秀的人缔结友情，就跟第一次就想赚百万美元一样，是相当困难的事。原因并非在于伟人们的出类拔萃，而是我们自己容易忐忑不安。优秀者无论地位，还是阅历、学识，都高我们一筹。与他们交往，常令我们肃然起敬，有时我们还有一种威压感而噤若寒蝉。我们作为平常人，尤其是未见过世面的青年人，在这种情势下往往显得动作走形，言语嗫嚅，特别别扭、生硬。其实优秀者也是我们平等的交际对象，也是一种自然的交往关系，我们一方面要尊重于彼，另一方面也立足于自己，守住方寸，保持本色，自然而正常地交往，不必拘谨。这反倒能显示自己的交际魅力，会赢得对方的认可和尊重，优秀者会乐意与我们发展友情。

如果将你所在城市的著名人士列出一张表，再把将会对你的事业有所帮助的人也列出一张表，之后就是每星期去试着结交一位这样的人。不久后你就会惊奇地发现，你的人生有所改变了。

总之，你要记住，你所交往的人会改变你的生活。与愤世嫉俗的人为伍，他们就会拉你沉沦；同乐观的人为伴能让我们看到更多的人生希望；而结交比自己优秀的朋友，则能促使我们更加成熟、更加优秀。因为通常，伟大的人物才有伟大的友人。

延伸阅读：朋友也分三六九等

把朋友分等级听来似乎太无情，但面对复杂的人性，你非得勉强自己把朋友分等级不可。心理上有分等级的准备，交朋友就会比较冷静客观，可把伤害程度减到最低。

朋友的等级，简单地分为“可深交级”及“不可深交级”。可深交的，你可以和他分享你的一切，不可深交的，维持基本的礼貌就可以了。这就好比客人来到你家，真正的客人请进客厅，推销员之类的在门口应付应付就行了；另外，也要根据对方的特性，调整和他们交往的方式。但有一个前提必须记住，不管对方智慧多高或多有钱，一定要是个“好人”才可深交，也就是说，对方和你做朋友的动机必须是纯正的。不过，人常被对方的身份和背景所眩惑，结果把坏人当好人，这是很多人无法避免的错误；如果你目前平平淡淡或失意不得志，那么不必太急于把朋友分等级，因为你这时的朋友不会太多，还能维持感情的朋友应该不会太差。但当你有成就了，手上握有权和钱时，那时你的朋友就非分等级不可了，因为这时的朋友有很多是另有所图，不是真心的。

年少不轻狂

攀登上一个阶梯，这固然很好，只要还有力气，那就意味着必须再继续前进一步。

古希腊的著名哲人苏格拉底曾说：我唯一知道的一点是，我知道得很少。毛主席有一句名言：谦虚使人进步。苏联苏霍姆林斯基也有一句名言：谦逊为一切美德的皇冠。还有，古代老子“谦卑处下”的高妙智慧，近世牛顿“站在巨人肩膀上”的故事，都给我们留下谦逊的范例。

也就是说，如果一个人想不断进步，想处处受人喜爱，就必须放低姿态。这不是自卑，也不是怯弱，它是清醒中的嬗变，是一种处世的大智慧。它让我们清楚自己的长处与弱点、失败与成就，能让我们虚心接受不同的意见，更能让我们扬长避短，不因忌妒之火而吞灭心中的灵光。

很久以前，有一个失望的年轻人千里迢迢来到法门寺，对住持释圆说：“我一心一意要学丹青，但至今没有找到一个能令我心满意足的老师。”

释圆笑笑问：“你走南闯北十几年，真没能找到一个令自己满意的老师吗？”年轻人深深叹了口气说：“许多人都是徒有虚名啊，我见过他们的画，有的画技甚至不如我呢！”释圆听了，淡淡一笑说：“老僧虽然不懂丹青，但也颇爱收集一些名家精品。既然施主的画技不比那些名家逊色，就烦请施主为老僧留下一幅墨宝吧。”说着，便吩咐一个小和尚拿了笔墨砚和一沓宣纸。释圆说：“老僧的最大嗜好，就是爱品茗，尤其喜爱那些造型流畅的古茶具。施主可否为我画一个茶杯一个茶壶？”年轻人听了，说：“这还不容易？”于是调了一砚浓墨，铺开宣纸，寥寥数笔，就画出一个倾斜的水壶和一个造型典雅的茶杯。那水壶的壶嘴正徐徐吐出一脉茶水来，注入到那茶杯中去。年轻人问释圆：“这幅您满意吗？”

释圆微微一笑，摇了摇头说：“你画得确实不错，只是把茶壶和茶杯放错位置了。应该是茶杯在上，茶壶在下呀。”年轻人听了，笑道：“大师为何如此糊涂，哪有茶壶往茶杯里注水，而茶杯在上茶壶在下的？”释圆听了，又微微一笑说：“原来你懂得这个道理啊！你渴望自己的杯子里能注入那些丹青高手的香茗，但你总把自己的杯子放得比那些茶壶还要高，香茗怎么能注入你的杯子里呢？涧谷因为低下，而能海纳百川入流，人要把自己放低，才能吸纳别人的智慧和经验。”

只有知道自己的不足，了解自身的短处，才会有上进之心，才能保持不断向前的劲头。如果总觉得自己所学已经足够，就自然没必要再下苦功夫，进一步地充实自己，更不会放下架子，去和他人请教。只有保持谦卑的心态，才能有“三人行必有我师”的气魄，才能不断在和别人的学习和交流中，增长自己的学识和才干。

尤其是对于年轻人来说，学习的意义重于展示，吸收的意义大于输出。人生的路才就此刚刚开始，怎么可以固步自封、自我满足？如果现在不能保持一个谦虚谨慎的态度，骄傲自满，还自况为“年少轻狂”，那到了中年就极有可能庸庸碌碌，没有出息。因为很多时候，狂妄都是与无知联系在一起的，“鼓空声高，人狂话大”。有的人读了几本书，就自以为才高八斗，学富五车，无人可比，现时的文学大家、科学巨匠全部不在话下；有的人学了几套拳脚，就自以为武功高强，身怀绝技，到处称雄，颇有打遍天下无敌手的气势。然而，狂妄的结局呢？只能是失败，是自毁。没有多少人乐意信赖一个言过其实的人，更没有一个人乐意帮助一个出言不逊的人。人们常说：“天不言自高，地不言自厚。”自己有无本事，本事有多大，别人都看得见，心里都有数，不用自吹，更不能狂妄。

可以说，对于任何一个人来说，谦逊都是一项必不可少的能力和品质。因此，即使你需要时间来培育这一品质，这也是值得的。

首先，谦逊，要有厚实的内功做支撑。做人谦逊内敛不张扬，需要有厚实的内功做支撑，只有一个人的知识、阅历、素质、修养达到足够的积淀时，才能真正做到不说张扬之语，不干张扬之事，不逞张扬之能。

其次，谦逊，要有真诚做基底。谚语有云：过分的谦虚就是虚伪。在同事相处、朋友交往的过程中虚假的谦逊随处可见。当别人对我们的成就表示祝贺时，我们却往往对自己的成就故意地轻描淡写——“哦，其实没什么”——好像不是因为自身的才干、自身不懈地努力工作才令自己取得如此的成功。其实，如果你想表现得谦虚、内敛，完全不必否定自己，你可以这样说：“谢谢您。对取得的成就，我自己也感到非常自豪，我要把它归功于那些一直帮助我的人。”

再次，谦逊，要常怀一颗平常心。为人要谦逊，做到不张扬，既要开阔视野，博大胸怀，提升自身的价值修养，又要常怀一颗平常心，不论在什么情况下，对个人的名利、进退、荣辱，都要看得淡一些，超脱一些，像古人说的那样：“去留无意，看庭前花开花落；宠辱不惊，望天上云卷云舒。”在他们的内心深处蕴藏着勃勃生机和无限活力，处于低谷不颓废，遇到困难不退缩，一帆风顺不得意，成绩面前不炫耀，永远保持着踏踏实实、平平常常、自自然然的生活态度和格调，以成熟、理性、豁达、自重、睿智处世做事。

一个谦逊的人是生活里一道令人心旷神怡的美妙风景。在真实生活里，骄傲没有多少生存的空间。不要等到自己落入平庸和悲惨的境地，才去学习谦逊礼让的美德，到那个时候，这种精神已经变质为自卑和低贱了。只有谦逊的人才能得到快乐，才能得到智慧，才能修身养性，真正成为优秀的人。

延伸阅读：年轻人的通病，你有几条？

1. 幻想——思想的巨人，行动的矮子。
2. 虚荣——一切恶行都围绕虚荣心而生。
3. 自负——无知者的自我膨胀。
4. 草率——失败者的根源。
5. 傲慢——得不到支持的尊严。
6. 多疑——无中生有的心灵枷锁。
7. 奢侈——有钱时摆阔，没钱时挨饿。
8. 自闭——画地为牢，把世界关在门外。
9. 偏执——偏重于自我的执着。
10. 急功近利——不思长远的“近视眼”。
11. 贪婪——心灵的贫穷，灾祸的根源。
12. 无原则——被丢弃的道德。
13. 嫉妒——诋毁别人的成就，暴露自己的无能。
14. 固执——蟠踞于心灵的愚蠢根源。
15. 轻诺寡信——轻诺寡信，多易必多难。
16. 张扬——浅薄者的朋友。
17. 消极——对现实的退缩与逃避。
18. 拜金——为自己套上黄金的枷锁。
19. 冲动——陷于悔恨与自责的漩涡。
20. 盲从——失去自我的可怜人。
21. 自我设限——杀死自己的潜能力。

22. 报复心——小鸡肚肠，睚眦必报。
23. 侥幸——自我欺骗的放纵。
24. 强求完美——自卑与不自信的怪胎。
25. 失去目标——斗志的迷失。
26. 中年危机——重压之下的情绪风暴。

给青春插上情商的翅膀

情商比智商在更大程度上决定着一个人的爱情、婚姻、学习、工作、人际关系以及整个事业。

客观地讲，人的智力相差无几，可为什么有的人能一呼百应，有的人却经常孤立无援？为什么有的人登上成功的殿堂，而有的人终生苦苦挣扎而无甚建树？为什么有的人看起来幸福美满，而有的人相对富足却常常抱怨生活不公？为什么有的人明明脑瓜聪明却屡遭挫败，而有的人看上去没什么突出技能或素质往往大放异彩呢？

撇开超乎常人的天才们不说，在正常人每日所处的“社会活动”中——比如为人处世、修养举止、说话办事、待人接物、情绪控制、抗压能力等——其实存在着众多或明或暗的“规则”，而人运用和掌握这规则的熟练程度，就是情商在发挥着作用。事实也确实如此。一份有关的调查报告披露，在贝尔实验室，顶尖人物并非是那些智商超群的名牌大学毕业生。相反，一些智商平平但情商甚高的研究员往往以其丰硕的科研业绩成为明星。其中奥妙就在于，情商高的人更能适应现在激烈的社会竞争。与社会交往能力差、性格孤僻的高智商者相比，那些能够敏锐了解他人情绪、善于控制自己的人，更可能找到自己想要的工作，也更可能取得成功。

因此，如果给自己插上情商的翅膀，必将在青春岁月里绽放光彩。

十年前的莫奈，还只是一个汽车修理工。一天，他在报纸上看到休斯敦一家飞机制造公司正向全国广纳贤才，就决定前去一试。

当莫奈到达休斯敦时已是晚上了，而面试就在第二天进行。改变也就是在这一晚发生了。

独坐在旅馆的房间里，莫奈脑中闪现出自己多年的生活经历，一种莫名的惆怅涌上心头："我并不是一个低智商的人，为什么我老是这么没有出息？"接着，他把自己与身边那些成功的人相比，最后发现，性格情绪经常对自己产生很大的影响。

凌晨三点的钟声已经敲响了，可是莫奈却没有一丝睡意，反而思绪更清晰了。他第一次看清了自己的缺点，发现过去很多时候自己不能控制情绪，比如爱冲动、遇事从不冷静，甚至有些自卑，不能与更多的人交往等。

就这样，整个晚上他都坐在房间里检讨。最后，他做出了一个令自己都很吃惊的决定：自今往后，决不允许自己再有不如别人的想法，一定要控制自己的情绪，全面改善自己的性格，塑造一个全新的自我！

天亮了，莫奈一身轻松，像换了一个人似的，怀着新增的自信前去面试。很快，他顺利地被录用了，并在此后再三得到升迁。几年后，公司重组，莫奈分得了可观的股份。

可见，情商与一个人的成功息息相关，是否具有较高的综合素质，能不能成为情商的主人，将决定一个人能否充分地发展自己、能否立足于社会、能否生活得幸福与成功。许多人一直生活在社会的底层，并不是因为他们的智商有问题，而是因为他们没有意识到情商在一个人成功路上的重要性。当你通过自身的努力成为一个情商高手时，你离成功的彼岸也就不远了。莫奈的成功正源于此。

也许有人会说："没有办法，我天生情商低。"如果你有此想法的话，就大错特错了。在美国等发达国家的教育体系里，情商教育已经"登堂入室"，成为几乎所有学校的必修课程。虽然到现在，我们仍吃不准多大比例的情商是与生俱来的，但可以确定的是，比起智商来，情商更多是后天培养的。

首先，你要改变自己的思想。一切外在行为的改变，都源于内在思想的改变。高情商者往往都会随着时间、社会、环境的变化而改变思想。每当一个使你感到沮丧或者消极的念头潜入你的思维时，应该马上提醒自己将想法转移到使你感觉良好或者充满能量的事情上去。只有这样，你才能做正确的选择，获得正确的行动指引和动力。

其次，人按习惯做事，而习惯有好坏之分，好的习惯助人成功，坏的习惯使人受挫。所以，要想提高你的情商，就十分有必要建立好习惯，克服坏习惯。行为科学的研究表明，如果每次你都能按某种方式行事的话，那么就会出现这样的情形：你如今的行事方式将慢慢占据你的脑海。重复次数越多，你过去的行事方式就越来越模糊，而新行事方式将越来越占据主导地位。久而久之，当你改变了自己的习惯，你就改变了自己的行为，也就改变了自己的情商，改变了自己的命运。

再次，培根曾经在《论读书》中写过这样一句话："读史使人明智，读诗使人聪慧，演算使人精密，哲理使人深刻，伦理使人有修养，逻辑修辞使人善辩。"歌德也说："人不只是靠他生来就拥有的一切，而是靠他从学习中所得到的一切来造就自己。"显然，知识的增长对于智商和情商的提高都是有很大意义的。

当然，知识的准备和积累，不仅仅是书本知识，而应该是广义的知识。具体点说，就是心态的准备、目标的准备和行动的准备，这些不仅可以改变你的内涵，而且还会提高你的情商。

不过，值得注意的是，情商的培养也会因人而异，对于有些人来说，它的某些特质或许很容易培养，但对另外一些人来说，尤其是这些特质与他们业已形成的基本信念相左时，可能就更难培养。但只要你相信决定去做就一定能基本达到目标，那么情商就可以培养，良好的生活技能也将尽在你的掌握之中。

延伸阅读：如何判断情商的高低？

情商水平的高低不像智力水平那样，暂时还无法用测验分数较准确地表示出来。我们一般可以从以下五个方面的能力来衡量：

一是认识自身情绪的能力。有专家认为情商的高低是从自我情绪的觉察开始的。高情商者往往能有效地觉察出自己的情绪状态，理解情绪所传达的意义，找出某种情绪和心境产生的原因，并对自我情绪做出必要恰当的调节，始终保持良好的情绪状态。

二是妥善管理情绪的能力。高情商者都善于控制自己的情绪，能抑制感情的冲动，克制急切的欲望，及时化解和排除不良情绪，使自己始终保持良好的心境。

三是自我激励的能力。人生不如意事，十常八九。低情商的人一向都是消极的，悲观的，而高情商的人都有积极乐观的心态。

四是认知他人情绪的能力。生活中，我们常常会听到有人抱怨某人不会“察言观色”，或者是“没有眼力见儿”，无论是哪种表达，其实都是关于低情商者不懂识别他人情绪的表现。而具有高情商的人，往往能从细微的信息察觉他人的需求，进而根据他人的需求行事，就能得到他人的认可和欢迎。

五是人际关系的管理能力。即一个人的社交能力，这也是一个人情商高低的直接体现。高情商者，就是充分掌握这项能力的人，他们善于洞察并理解别人的心态，能控制自己的情绪，设身处地为别人着想，领悟对方的感受，尊重他人的意见等。因此，他们善于人际沟通与合作，人际关系融洽，在复杂的人际关系中游刃有余。

车道山前未必有路

车到山前必有路，说到底，这是一种懒人的自我安慰；也是不思进取者冠冕堂皇的借口。

“车到山前必有路，船到桥头自然直”，这是一句古老的格言。意思是说，事到临头总有解决的办法。事情真的是这样的吗？

生活中我们会发现，如果相信“车到山前必有路”时，我们总是会把本应该今天办的事情推到明天，而把本来可以做得更好的事，也会因为相信“车到山前必有路”，而放弃更高的追求。其实，“车到山前必有路”，这就是我们为自己的未来虚拟的一个依靠，我们枕着它终日沉溺于飘渺的幻想之中——于是，我们生命的光阴便一寸一寸地消耗在我们自以为逍遥无忧的日子中了。是的，我们习惯了等待，习惯了等待每一天都会发生奇迹，习惯了等待每一个人都会为自己创造奇迹。我们的意志就在这一次又一次的等待中日渐消磨。可是有一天，当你真正来到山前的时候，你会惊讶而沮丧地发现，矗立在你面前的山巍峨无比，根本没有你可以走的路。

这一事实告诉我们：很多时候，你不能抱有“车到山前必有路”的侥幸心理，应该奋力拼搏时，就不要空置自己的智慧和力量，去踩出一条路，才能够在众多人才中脱颖而出。

德国的麦森小镇，是闻名世界的“欧洲瓷都”。而与这里的陶瓷齐名的还有一个人，他叫贝特格。

然而，就在30多年前，贝特格还是一个微不足道的人。因为那时候他只是麦森陶瓷厂的一个垃圾工人，负责将陶瓷厂里的废泥、废瓷器片等废料从厂里运到垃圾场。当时，麦森陶瓷厂完全靠着一位叫普塞的意大利技师和他的几个徒弟支撑。普塞是麦森陶瓷厂重金聘来的，月薪1万欧元。可有一天，普塞技师因跟厂方意见不和而发生争执，竟一怒之下带着自己的几个徒弟回了意大利。

麦森陶瓷厂顿时乱成了一锅粥。因无人接替普塞的位置，麦森陶瓷厂被迫停产。高管层纷纷出主意，有的说：“赶紧去意大利向普塞赔礼道歉吧，并给他加薪，让他继续为我们服务。”有的说：“普塞要是实在不肯来，我们就必须迅速将招聘启事贴满意大利的大街小巷！只要能招聘到技师，就能解决问题。”没想到，普塞技师不但对加薪毫不理会，还对意大利的同行发出通知：不准接受麦森陶瓷厂的聘用。

就在麦森陶瓷厂举步维艰之际，贝特格站了出来。他主动找到厂里的领导们说：“可以让我试一试吗？”

“别捣乱！你一个垃圾工干得了技工的活？”没有一个人相信他。

贝特格当即拿出从家里带来的自己烧制的一个花瓶，说：“请你们看看这个，它的质量跟咱们厂的产品相比哪个更好？”领导们看后，个个目瞪口呆。原来，这个在厂里毫不起眼地默默干了近10年的垃圾工，居然每天都在偷学普塞技师的手艺。连厂方正式派去跟普塞技师学艺的工作人员都没能学会的东西，却让贝特格全部学会了。厂领导当即许诺：“只要你能取代普塞，你不但不用再干运垃圾的工作，从现在开始，你的月薪还能跟普塞一样，每月1万欧元。”

就这样，麦森陶瓷厂又开工了。贝特格，这位当初的垃圾工，做梦也没想到自己能拿到如此高的工资，而普塞技师更没想到，自己败在了一个垃圾工的手里。

如今，麦森已成为德国的陶器重镇，而贝特格的名气也远远超过了意大利的任何一位顶级技师。

贝特格的经历告诉我们，成功从来都只青睐有准备的人。所以，年轻人，一定要对自己的人生有一些规划。盲目相信“车到山前必有路”，只会让你一事无成，荒废了大好的青春年华。

其实，现在很多人过得不如意，根本原因就是没有为自己的未来做好准备。例如，很多大学生经常用“车到山前必有路”来聊以自慰，整天沉迷在现实和虚拟的游戏中，用在学习思考上的时间少之又少。自己不认真管理自己，好东西没有学到，坏习惯养成一大堆，求职应聘自然是屡战屡败。毕业就失业，找不到工作，抱怨社会抱怨招聘单位，有用吗？事实上，许多企业也抱怨，招一个基础知识扎实一点、工作态度认真一点的大学毕业生，实在是太难了。如果他们能够在大学期间做好自己的事，认真学习，为自己的未来做好准备。可以肯定，毕业时会大受欢迎，决不会连连碰壁。

固然，“车到山前必有路”的说法表现了一种难得的积极、乐观的态度。但如果总怀着这种大无畏的心理，只会浪费更多的时间和精力，甚至会付出沉重的代价。“未雨绸缪”才是做事取得成功的重要保证。所以，年轻人千万不要再幻想不劳而获，不要幻想任何时候都会有一条康庄大道等着你了。如果你仍习惯性地一再拖延下去，待到问题真正爆发的那一刻，你就只有走弯路和半途而废两个结果。

事实上，车到山前究竟有没有路，完全是由驾驶员决定的。就如未来有无前路要看自己努力了多少。毫不努力定会无路可走，努力到一定程度自然就会有路展现在你面前。因此在人生的道路上，不要盲目地相信“车到山前必有路”，这样就会多一份清醒，少一份等待。

延伸阅读：年轻人应为就业做哪些准备?

1. 就业意识。毕业前尝试找一份兼职工作，至少要写一份简历，去招聘会现场体会一下就业压力，这样才有决心在学习期间就为工作做着准备。

2. 就业目标。不管是将所学专业作为就业目标，还是选择与兴趣爱好相一致的就业目标，越早决定，对你就业准备越重要。

3. 身体素质。无论哪一种职业，对从事者的身体素质都有一定的要求。始终养成良好的生活习惯，积极参加体育锻炼，自觉遵守作息时间，形成学习和生活的规律，做好身体素质的准备，以迎接社会对自己的选择与职业的挑战。

4. 多交朋友。学习时期，是最好交朋友的时候，大家在一起没有那么多的利益冲突，最真诚、最单纯，这时候交朋友，很多会成为一生的知己，到就业的时候，多一个朋友多一条路，人脉是就业最好的帮手。

5. 挫折准备。当就业的现实与理想存在一定距离时，很容易让人产生一些不健康的心理。因此，在就业准备的过程中，你一定要注意调整自己的心理障碍，保持健康的心理。

真正将健康放在心上

人类所犯的最大错误就是拿健康来换取其他身外之物!

“身体是革命的本钱。”这句话我们常说常听。但是，作为年轻人，通常还是都不会太注意自己的健康，这是因为他们还没有真正认识到健康问题在人生中的重要性，而这导致的结果，就是他们的健康状况在不知不觉中急剧恶化。

事实上，对于胸怀大志的人来说，没有什么比有一个好身体更幸运的事了。曾经获得过戛纳广告文案铜奖、著名外资广告公司盛世长城原总经理陈薇薇在一次谈起能取得事业的成功最根本的原因时，她想了想说：“最重要的是我有一个好身体。”是的，成功的理由有千条万条，而最重要的一条就是有个好身体。世间很多人，就因为对身体不曾注意与留心，以致壮志未酬、饮恨病殁！他们毁掉了自己有所作为的可能性；他们在身体该强壮的时候，已经是“老态龙钟”的迟暮之态。有些人有着很好的天赋，但最终却取得了微小的成功，就因为损伤了自己的身体，就因为不能供给必要的动力来运行身体这部机器。

可见，只有健康，才是人生最重要的资本！因为其他的一切都建筑在健康之上。有了健康，你才不用忍受疾病的折磨；有了健康，你才能专注于事业；有了健康，你才有可能去享受人类创造的所有物质文明与精神文明。

从前，有个穷小伙子，他除了一个很棒的身体和一颗善良正直的心之外，一无所有。

他常常尽自己的最大能力帮助那些弱者，让他们都能感到有一些的幸福。但他发现自己心地这么好，帮助过这么多人，仍然身无分文，而周围的大部分人都很有钱，他觉得这很不公平。于是，他想到天堂里去找上帝，问个究竟。

历经千辛万苦，他终于敲开了上帝的门。上帝见到他说："小伙子，我知道你此来的目的。你来是想问，你的心地这么善良而且也很正直，为什么你会没有钱，而别人却有很多的钱，你想来我这儿讨个公道，是吧？"

小伙子很惊奇，心想：真不愧为上帝，我还没有开口，他就知道我想的是什么了！于是他说："是啊，是啊！既然你全都知道了，为什么会这样呢？我想和那些有钱人一样啊！那样才能过自己想过的生活，也才能帮助更多需要帮助的人们啊！"

上帝笑了笑，拍着小伙子的头说："傻小子，你本身就是一个很富有的人啊！难道你不觉得身体健康就是一种富有吗？"

小伙子疑惑地望着上帝，他不太懂这是什么意思。

上帝顿了顿说："如果你不觉得你的健康是一种财富，那么把你的一双眼睛给我，我给你200万美元，怎么样？"

小伙子马上回答道："不行，不行，没有了双眼，我看不到这美好的世界，更别说去帮助别人了。有了这200万美元又有什么意义呢？你就是给我1000万美元，我也不能让我自己双目失明啊。"

上帝又说："那给我一条你的腿，我给你100万美元，这样你也可以走路，也可以看世界，这总行了吗？"

小伙子还是摇着头说："不行，不行，少一条腿，走路不方便，帮助别人也不方便，而且我想取个老婆也困难。"

上帝亲切地再次拍着小伙子的肩膀说："小伙子，这下你知道自己真的很富有了吧？你时时不忘帮助别人，你的身心健康，就是创造你所有想要东西的最好保证。回去吧！只要你好好珍惜你的生命，重视你的健康，再加上你的勤劳和智慧，你会什么都有的。"

穷小伙子恍然大悟。他回到人间，照着上帝的话去做，终于有一天，他成了一个不仅健康，而且十分富有的人，过上了快乐开心的生活，帮助了千千万万需要帮助的人们，也赢得了人们对他的尊重。

没错，健康，就是这么重要！

现在也许你会自恃年轻，身体好，撑得住。不过，那些患有心脑血管疾病的中年人，年轻的时候，大多和你现在的想法如出一辙，对自己的身体毫不在意。有什么样的原因，就会有什么样的结果。这实在是一种“短视”的行为。试想，一个生命垂危的亿万富翁，躺在病床上已奄奄一息了，即使拥有再豪华的房子、车子，取得过何等的功名利禄，但却已无福消受了，这不是很悲哀的事吗？年轻时用健康去换取金钱，年老时却又期望用金钱买回健康，这是做不到的。

所以，我们必须在年轻时就将健康真正放在心上，任何对健康不利的行为都要避免。换一句话说，如果我们能够获得更多的体力、精力，使我们在事业上能有更良好发展，那么，付出任何代价都是值得的。

而追求健康，最重要的就是生活方式的改变。世界卫生组织前总干事中岛宏博士就认为：“世界上绝大多数影响健康和过早夭折的问题，都是可以通过改变人们的行为来防止的。”下面这四种方式，作为健康的基石，正越来越被更多人所认识、所接受：

第一，合理膳食。包括健康的饮食和良好的饮食习惯，如按时进餐、坚持吃早餐、睡前不饱食、咀嚼充分、吃饭不分心、保持良好的进食心情和气氛等。另外，还应特别注意的是：多回家吃饭。忙碌、应酬、虚荣让很多年轻人经常出入餐馆、酒楼，这种做法虽然享了口福，却对身体健康十分不利。在营养上也不能与精心调配的家庭饭菜相媲美。而且很多人在外吃饭常常会过量，或者只顾吃排场和味道，偏爱大鱼大肉，而忽视了蔬菜的摄取量，这些都是健康饮食的禁忌。

第二，适量运动。运动有益健康的道理不言自明。尤其是那些爱“宅”的年轻人，一定要给自己留出运动的时间。运动形式并不重要，重要的是量力而行，循序渐进，持之以恒。

第三，戒烟限酒。青少年沉迷吸烟酗酒的不在少数，潇洒不见得，危害却是看得见。因此，要想身体健康，就一定要戒烟限酒。

第四，心理健康。研究表明，心理健康的人抵抗能力强，即使得病也会很快痊愈。保持心理健康，就要做到正确对待自己、他人和社会。正确对待自己，准确地给自己定位，不骄傲自满，也不妄自菲薄；正确对待他人，宽容别人；正确对待社会，永远对社会存有感激之情。

另外，对于年轻人来说，还需要特别提到一点，那就是要养成良好的睡眠习惯。工作加班熬夜，整夜泡吧、游戏、QQ 聊天……正在透支着现代人的健康。

总之，良好的生活方式，决定着一个人的健康。拥有一个健康的生活方式，并健康地享受每一天，才能使个人幸福、家庭幸福、社会幸福。

延伸阅读：健康十招

1. 忘掉年龄，保持年轻的心态，以乐观的态度对待生活。

2. 跟你最爱或喜欢的人相处，不要离弃群体，别认为自己是废物。

3. 经常阅读幽默小说，欣赏有喜剧色彩的节目，无论是微笑或大笑对身体都有益。

4. 保持高质量的睡眠，增强免疫功能，夜间睡不好，白天可补睡午觉。

5. 生活中不怕有压力，尽可能克服困难，接受挑战。

6. 如果觉得生活枯燥，应选择新的目标培养自己多方面的爱好，使兴趣广泛起来。

7. 用一切方法做健康运动，早锻炼晚散步，把多余脂肪除掉。

8. 有小病就立即去看医生，每年进行一次体检，将疾病消灭在萌芽状态，不要让它变成威胁。

9. 要有一个温馨、和谐、幸福的家庭，与孩子共享天伦之乐。

10. 无论贫富，注意饮食和生活习惯的调整，多食新鲜蔬菜，按时起床，养成规律。

五、非苦

——最能吃苦的年纪，就别选择安逸

什么是青春？相信每个人都有属于自己的答案，在我们看来，青春就是勤奋与努力的代名词，这是我们真正拥有的资本，是一切梦想成功的前提。

做“飞翔”的蜘蛛

如果一个人有足够的信念，他就能创造奇迹。

不知道有多少人有过跟我一样的疑问：“两棵树之间有一丈多宽的距离，蜘蛛不会飞怎么在空中架网，它的第一根丝是怎么拉过去的呢？”

原来，蜘蛛是从一棵树的枝头起，打结，顺树而下，一步一步向下爬，小心翼翼，翘起尾部，不让自己那根细丝粘贴在树皮上和路面的其他物体上，走过路面，再爬上对面的树，高度差不多了，再把丝在一根枝上收紧。以后也是如此。这样，不会飞翔的蜘蛛就把网结在了半空中。

其实，每一个生命都潜伏着改变现实环境的力量。这种力量就是——信念。我们人类当然也不例外，只要在自己的人生中拉好每一根丝，谁都会织出人生的五彩图！也就是说，一个人，不管他的身份是怎样的卑微，不管他处的环境是怎样的恶劣，只要心里怀着一个远大的梦想，并坚持不懈地朝着这个方向努力，总有一天，理想的种子就会冲破一切不利条件的制约，长成参天大树。

在一个向阳的山坡上，生着一棵苹果树。

苹果树上结了很多果子，有一天，飞来一只灰喜鹊，吃了一个苹果，苹果的一粒种子被灰喜鹊吃在肚子里了，被灰喜鹊带到了很远的地方，最后被抛落在一个荒凉的山坡，这里土壤贫瘠，四周没有一棵树，不过，这粒种子并没有绝望，它心中的梦想是将来子孙成群，拥有一片自己繁衍出来的苹果园。

一阵寒风吹来，种子感到非常冷，它就努力地往泥土里挤，把自己孤独的身体藏在泥土中。下雪了，雪融化之后又变成了冰，这一粒苹果种子被牢牢地冻在了坚硬的土壤里，但是它没有绝望，心里仍然藏着硕果满枝的梦想。

春天来了，这粒种子感到身上的泥土变得暖洋洋的了，它努力地伸张着自己被固定果壳里的胚芽，它不停地伸啊，伸啊，终于有一天，它感到自己眼前一亮，原来，它已经冲破了果壳的束缚，把头探出了地面。看到了一轮明亮的太阳。尽管它的身体是那样的柔弱，但是，种子知道，这已经很好了，因为，它已经朝着自己心中的理想前进了一大步。已经从一粒埋在土里的种子变成了一株幼芽。

这株幼芽长在山坡上，不知道遭受了多少次牛羊的践踏，它带着伤痕累累的身体向上伸展，它的梦想就是要长成一棵茁壮的苹果树。

几年过去了，这个幼芽终于长成了苹果树，但是这并不是它全部的梦想，只是梦想的一部分。秋天的时候，果实结在枝头上，用尽了全部的力气，将果实摇落在地上，期待着它们将来也像它一样，从一粒种子变成一棵树。

又不知过去了多少年，这粒种子已经变成了苍老的苹果树，它的子孙已经长满了整个山谷。

有一年的春天，一个徒步旅行者来到这里，他被眼前的景色惊呆了，在这人迹罕至的山谷里开满了芳香的苹果花，后来，他给这条山谷起了一个美丽的名字："苹果山谷"。

一粒苹果种子都可以装点整个山谷，我们有什么理由妄自菲薄呢？即使我们的理想被现实踩进了泥土中，也不要悲伤与哭泣。只要种子还在，就有发芽破土、长大成材的机会。而我们所要做的就是：呵护好我们的种子，照料好它，直至长大，开花、结果。

实际上，没有任何一项伟大的事业不是因为坚定的信念而成功的。信念是一种指导原则和信仰，让我们明了人生的意义和方向。信念像一张早已安置好的滤网，过滤我们所看到的世界；信念像大脑的指挥中枢，指挥我们的大脑照着我们所相信的去看事情的变化。斯图尔特·米尔曾说过："一个有信念的人所发出来的力量，不亚于99位仅心存兴趣的人。"这也就是为何信念能开启卓越之门的缘故。

当我们真正认知到我们的信念有如此巨大的影响力时，我们也就握有了成功的钥匙。不过，要想永远保持积极的信念，绝非易事。很多时候，在建立积极信念的同时，你会发现，一种叫做"自我限制"的消极信念常常会跑出来阻挠你。这种消极信念就是你潜在能力的"刹车片"，它们让你裹足不前，它们会生发出个人成功的两个最大敌人——怀疑和恐惧。它们让你瘫痪无力，它们会导致你不敢承担心智上的风险——在释放自己潜能所必须承担的风险面前畏缩不前。因此，你必须对自己抱有的自我限制信念不断发起挑战，你必须摒弃自己"能力有限"的任何想法和意念，你必须接受这样一个基本原则：你是个"能力无限"的人，别人能做到的，你同样也能做到。

记住印度圣雄甘地这句话：你的信念成为你的思想，你的思想成为你的话语，你的话语成为你的行动，你的行动成为你的习惯，你的习惯成为你的价值观，你的价值观成为你的命运！就让我们从今天开始，忠于自己内心的驱动，向着美好的未来，一路披荆斩棘。一心朝着自己目标前进的人，整个世界都会为他让路。

延伸阅读：如何才能建立起积极的信念？

外在的方法是——建立积极的环境。科学实验证明：积极的环境能影响一个人的记忆力、健康状况、自我评价、智商和年轻度。通常我们可以通过建立激发目标、激发信心和幸福愉悦这三种积极的环境，来给自己建立一种积极的信念。

内在的方法是——动用大脑模拟器。我们可以在大脑中想象某种场景，如成功时的场景、失败时的场景、被拒绝时的场景、努力的场景……通过这种方法，让自己对陌生的环境渐渐熟悉，这不但可以让自己增加信心，也能有效缓解在真实情景下的紧张情绪。但是，动用大脑模拟器应注意以下几点：第一，不仅仅是想象美好的结果，还要关注过程；第二，不仅想象情景，还要调动相应的情绪；第三，必须长期坚持不懈地加以想象。

无奋斗，不青春

青春的光辉，理想的钥匙，生命的意义，乃至人类的生存、发展……全包含在这两个字之中——奋斗！

做梦的年纪，我们总是免不了会想：人生充满变数，也许我下一秒钟就能中500万元大奖；也许我下一秒钟就能遇见生命中的贵人，一步登天，实现梦想；也许我下一秒钟就能遇见梦中的白马王子，从此幸福地生活在一起。但事实往往是——在这样的幻想中碌碌无为，直到幡然醒悟才发现自己已经浪费了不少时日。

其实，对于我们每个人来说，生命都是极其短暂的，而青春只是生命中的一个阶段，就更可见它的可贵了。所以，在有限的青春岁月里我们一定要好好把握，不要浪费大好的青春。如果希望自己的人生有一个完美的结局，过程是十分重要的，这个过程的关键时刻就在当下，也是我们最有青春活力的时刻，现在不努力难道要等七老八十、门牙都掉光的时候才知道去努力奋斗吗？那时恐怕早已经迟了吧。所以说，趁着现在我们还年轻，我们还有朝气，我们还没后悔时赶紧去拼赶紧去闯吧，趁一切还来得及，趁时间还没流逝，趁青春正发光发亮，做好准备，为青春而奋斗。

经过多年的奋斗，威尔逊先生从一个普普通通的事务所小职员，成了一位成功的企业家，拥有了自己的公司。

一天，他从办公室走出来，刚走到街上，就听到身后传来“嗒嗒嗒”的声音，那是盲人用竹竿敲打地面发出的声响。那盲人感觉到前面有人，连忙上前说道：“尊敬的先生，您一定发现我是一个可怜的盲人，能不能请您施舍一点爱心呢？”

威尔逊先生叹了口气，把手伸进西装口袋，掏出一张钞票递给了盲人。盲人用手摸了一下那张钞票，竟然是100美元！他用颤抖的手反复摸着这张钱，嘴里连连感激着：“您是我见过的最慷慨的先生！仁慈的富人啊，我为你祈祷！上帝保佑你！”

威尔逊先生笑了笑，正准备离开，盲人拉住他，又喋喋不休地说：“您不知道，我并不是一生下来就瞎的。都是23年前布尔顿的那次事故！太可怕了！”盲人想用自己的遭遇打动对方，争取多得到一些钱，他越说越激动：“您不知道当时的情况，火一下子冒了出来！仿佛是从地狱里冒出来的！逃命的人群都挤在一起，我好不容易冲到门口，可一个大个子在我身后大喊：‘让我先出去！我还年轻，我不想死！’他把我推倒了，踩着我的身体跑了出去！我失去了知觉，等我醒来就变成了瞎子，命运真不公平呀！”

威尔逊先生冷冷地说：“事实恐怕不是这样吧？你说反了。”

盲人一惊，用空洞的眼睛呆呆地望着威尔逊先生。威尔逊先生一字一句地说：“我当时也在布尔顿化工厂当工人。是你从我身体上踏过去的！你长得比我高大，你说的那句话我永远都忘不了！”

盲人站了好长时间，突然一把抓住威尔逊先生，发出一阵大笑：“这就是命运啊！不公平的命运！你在里面，现在出人头地了；而我跑了出去，却成了一个没用的瞎子！”

威尔逊先生用力推开盲人的手，把手中一根精致的手杖在地上顿了一顿，平静地说：“你知道吗？我也是一个瞎子。你相信命运，可是我不相信！”

同样的遭遇，一个只能以乞讨为生，另一个却能出人头地，这绝非命运的安排，只在于个人奋斗与否。

现实生活中，许多年轻人，还未经历社会上更多的大风大浪，遇到一点失败就垂头丧气、一蹶不振，从而虚度了去改造、去奋斗的大好光阴。其实，失败了，一时间你可能会被无穷无尽的沮丧淹没，但是，你要知道：这个时候任何消极的心态和行为都已经无济于事，你必须大声告诉自己："失败没有什么大不了的！"而且，大多数时候，你遭遇的也许只是一道难越的门槛，正所谓"行百里者半九十"，这个时候，只要你依然还有一颗无比坚信自己定能成功的信心，依然要努力去奋斗，一步一个脚印踏实地走下去，永远不停住自己奋斗的步伐，你就一定能走出失败。如果你心态不正，畏惧退缩，那就只能在失败的困境中无休止地打转，永远也走不出失败的迷宫。

事实上，所有成功的人，背后都有一段辛酸的回忆，他们不是神，也没有特异功能，他们的成功与他们的刻苦努力成正比。一分耕耘一分收获，没有付出哪来的回报呢？

其实，没有奋斗，何尝不是生命的悲哀？即使遍体鳞伤，但终有一天我们蓦然回首，会发现，正是奋斗让我们的生活充满生机，让我们的生命充满意义。为了祖国而奋斗，为了理想而奋斗，为了青春而奋斗，那么，我们收获的不仅是完整的青春岁月，同时还历练了自己的能力，这样不是很好吗？

延伸阅读：测测你的进取心

题目：你住在二楼左侧的房子里，某天，你要出门去倒垃圾，你的左边是一个窗子，而楼上和楼下都各有一个垃圾道，在二楼的最右边也有一个垃圾道，你会怎么倒？

选项：

A、上楼到上面那个垃圾道去倒垃圾

B、下楼到下面那个垃圾道去倒垃圾

C、从自己所在的位置一直向右走，去那里倒

D、直接从身边的窗口爬出去倒垃圾（从那里可直接到垃圾道）

E、从窗口倒出去

结果：

A：代表你进取心很强，而且有很高的欲望，希望得到比较好的位置，不论是工作还是学习都喜欢得到好的名次，是个非常上进的人。需要注意的是：不要太给自己压力，否则生活会很累。

B：代表你可能最近陷入一种懒惰的思想中，你希望自己可以省力气，但是却不考虑以后要回到原先的位置，需要付出和进取同样的力气。你也可能是觉得生活不应该背负太大负担，只想轻松地游戏人生。需要注意的是：别太松懈，还是要努力才行！

C：代表你很可能对现状非常满意，你不喜欢波动，而是喜欢平平淡淡的生活。不喜欢波折，越是简单的东西越喜欢，希望自己喜欢的永远维持现状，就算不前进都无所谓。需要注意的是：你不觉得生活太单调了吗？

D：代表你实在是太喜欢追求刺激了，几乎到了让人觉得不可思议的地步。你觉得平凡的生活太过单调，你需要任何时候都保持新鲜感。需要注意的是：有的时候还是要务实一点，虽然你不介意但是很可能被一些不理解你的人指手画脚。

E：代表你的素质需要培养。你现在之所以遇到不顺利很可能是你个人修养的问题。需要注意的是：素质非常重要，即使有了知识，没有素质也难成功。

自己才是最好的依赖

能够让你取得成功的，从来不是依赖，而是独立；从来不是别人，而是自己。

成大事者的身上具有许多种优良品质——勇敢、忠诚、创新、进取……而独立，也是这些品格中不可缺少的。如果一个依赖于他人的人也会获得成功的话，恐怕历史上就不会有很多民族为独立而战了。有一位学术界知名的学者就曾这样告诫青年学生们说："如果你过分依赖别人，那你就会很容易上当，因为你不能分辨别人的话究竟是对的还是错的，而你对别人的动机也就茫然不知。"

所以，无论何时何事，你都要学会独立，千万别把希望寄托在别人身上，要知道，只有自己才是最好的依赖。

在一所大学里，有一位年近花甲的老教授在新生入学教育的第一堂课上，向新到校的同学们提了这样一个问题："请问在座的各位，你们哪一位同学是独自一人来学校报到的？请把手举起来。"偌大的一个会议大厅里举手者却寥寥无几。

教授接着说："由父母亲自送到学校接待点的请举手。"会议大厅里近百只手齐刷刷地举了起来。

教授摇摇头，笑了笑，给同学们讲了这样一个故事：曾有一名中国学生，以优异的成绩考入了美国的一所著名大学，由于人生地不熟，思乡心切加上饮食生活等诸多的不习惯，入学不久便病倒了。更为严重的是，由于生活费不够用，他的生活甚为窘迫，濒临退学。

在那里，如果给餐馆打工一小时也可以挣几美元，但他却嫌累不愿干。就这样，几个月下来，他所带的费用便已所剩无几，在学校放假的时候他准备退学回家。

回到故乡后，在机场接他的是他年近花甲的父亲。

当他走下飞机扶梯的时候，看到久违的父亲便兴高采烈地跑了过去。

父亲脸上堆满了笑容，张开双臂准备拥抱儿子。可就在儿子将要搂到父亲脖子的一刹那，这位父亲却突然大大地向后退了一步，孩子扑了个空，一个趔趄摔倒在地。

他对父亲的举动深为不解。父亲拉起倒在地上抽泣的孩子，深情地对他说："孩子，这个世界上没有任何人可以做你的靠山，当你的支点。你若想在激烈的竞争中立于不败之地，任何时候都不能丧失那个叫自信、自强、自立的生命支点，一切全靠你自己！"说完，父亲就塞给了儿子一张返程机票。

就这样，这位学生没跨进家门就又直接登上了返校的航班。返校不久后，他获得了学院的最高奖学金，且有数篇论文发表在具有国际影响力的刊物上。

听了教授的故事，全场鸦雀无声。

社会上，有很多像那个学生一样的年轻人，他们虽然早已经成年，在大学学习，或是工作多年，却总是把自己当成需要别人关照的孩童，什么都想依赖他人，拒绝长大，拒绝承担自己的责任，什么都不想、不行动，指望别人给自己安排好一切，像一个幼儿园的孩子。一些人只是贪图一时的玩乐，随心所欲地虚度时光，不会为自己的未来认真思考和行动，经常伤害自己，经常给身边的人制造麻烦。这样的人，看起来潇洒，实际上非常脆弱，无力在这个疾风四起的环境里站稳，只能被疾风吹得东倒西歪。

其实，这个世界上的每一个人出生在什么样的家庭、有多少财产、有什么样的父母、有什么样的地位、有怎样的亲朋好友并不重要，重要的是不能将希望寄托于他人，必要时一定要给自己一个趔趄，只要不轻言放弃，不丧失自信、自强、自立，就没有什么实现不了的事。

因此，我们必须认真清理心中的依赖感，强化自身的优势，培养自信和内心的强势，这样才能变得独立而优秀。

首先，要充分认识到依赖心理的危害。将希望寄托于他人的帮助，便会形成惰性，失去独立思考和行动的能力；将希望寄托于某种强大的外力上，意志力就会被无情地吞噬掉。当你选择依赖时就会使你失去独立的人格，变得脆弱、无主见，成为被别人主宰的可怜虫。

其次，要在生活中树立行动的勇气，恢复自信心。自己能做的事一定要自己做，自己没做过的事要去尝试。不要什么事情都指望别人，遇到问题要做出自己的判断和选择，加强自主性和创造性，学会独立地思考问题。

再次，丰富生活内容，培养独立的生活能力。在工作或者生活中，主动要求担任一些工作，以增强主人翁的意识，使我们有机会去面对问题，能够独立地拿主意、想办法，增强自己独立的信心。

最后，还可以多向独立性强的人学习。多与独立性较强的人交往，观察他们如何独立处理自己的一些问题，向他们学习。同伴良好的榜样作用可以激发自己的独立意识，改掉依赖这一不良习惯。

当然，这并不是教你在社会上打肿脸充胖子，更不是教你万事不求人。事实上，人类在这个世界上是属于群居的生物，必须与同伴相互帮助，才能够生存在这个世界上，没有人可以完全独立、不依靠其他人而活在这个世界上。但是，我们必须要了解一件事：所谓的相互帮助绝对不是依赖，也不是将所有的事情都交给别人来处理。这无异于放弃了对自己人生的支配权，这样的人生是绝不可能辉煌的。人的一生，关键时刻还是要靠自己，自己才是最好的依赖。

总之，人生中的风风雨雨，只有靠自己去体会、去感受，任何人都不能为你提供永远的荫庇。你的品格、你的作为，你所有的一切都是你自己行为的产物，并不能靠其他什么东西来改变。人只有依靠自己，才可能做出成就。

延伸阅读：协助和依赖的区别

协助是指当你有了困难，且评估过自己的能力与时间后，发现的确没有办法靠自己一个人的力量来完成这件事，或是在尝试过后，你得到了失败的结果，而且你也了解到自己必须与他人合作才能完成这个任务；而依赖则是指完全不努力，也不尝试，就把事情丢给自己依赖的对象，这个对象可能是父母、师长、朋友或恋人等，甚至以各种方式（撒娇、耍赖或拜托等）要求对方给予你所有无私的协助。

那么，如果你想摆脱依赖，最重要的一件事就是：拒绝所有来自身边的过度关怀，以及非必要的协助。简单来说，就是所有你可以靠自己完成的事情，都不要依靠他人来帮你解决。当然，这也不是要我们在遇到问题时，如同瞎子摸象般地不停摸索，也绝对不是自以为是地盲目进行而导致错误百出的结果。我们还是可以向身边的亲朋好友请教、解决自己的疑惑，再靠自己的力量和能力解决。另外，还要避免陷入另一个困境，即当我们拒绝他人协助的同时，也必须确保自己有解决这个问题的能力，否则，这件事情恐怕永远不会有被解决的一天。

每天比别人多做一点点

不积跬步，无以至千里。

很多时候，我们并不是被别人打败了，而是我们自己忘记了每天比别人多努力一点点。

因为世界上从来就不存在不劳而获或一劳永逸的事情，正所谓：“世上没有免费的午餐。”只有我们善待劳动，善待学习，并且努力做好点点滴滴的小事，才能使生活中的酸辛变成甘露，才能从点滴中获得永远。如果一个人能够每天比别人多做一点点，日积月累，他就会比别人取得更大的成就。

也许你的投入无法立刻得到相应的回报，但不要气馁，应该一如既往地多付出一点。回报可能会在不经意间，以出人意料的方式出现。

以前有一个赌徒，他沉迷赌钱，把家产输得一干二净，最后老婆带着孩子离他而去。

有一位无聊的富翁和他打赌，要求他呆在一间小房子里，不准跨出房间半步，否则就输了。但是，赌徒可以提出任何要求，只要不跨出房间半步，什么都可以满足，生病了，也可以叫医生进房中医治。赌期为10年。如果赢了，将获得50万元，如果输了将成为富翁的奴隶。

这些条件虽然很苛刻，但一想到50万元诱人的赌金，赌徒心一横，就同意了。

起初，他成天除了睡，就是呆在房中唱歌、数墙上的砖头、走来走去，无聊至极。这期间，富翁来看了赌徒几次，见此情况，不禁心中暗喜，认为自己必胜无疑。

有一天，赌徒请富翁给他找几本书来看以消磨时光，刚开始，赌徒只是毫无目的地看着各种通俗娱乐类的书籍。

后来，赌徒要的书越来越多，而且也更系统化了。赌徒还要了笔和纸，边看书边做笔记、边写心得。时间过得很快，赌徒果然遵守承诺，在房中安心地呆着。但是，富翁的境况却每况愈下。由于周转不灵，富翁的生意不断地亏损，家产不断地变卖。到了最后，富翁已经穷得家徒四壁。

想到合同马上就到期，富翁不禁慌了手脚。就在合同到期的前一天晚上，富翁手持利刃，来到赌徒的房中，准备把赌徒杀了。

当他打开房门时，只见满屋子都是书。赌徒听到有人进来，看到富翁寒酸的穿着，就从书堆中站起来，很友好地朝富翁微笑说："你的情况我早已经知道了。说实话，我非常感谢你，感谢你给了我10年的学习机会，使我学到了不少东西，更明白了许多道理，还发觉自己以前的行为是多么的荒唐和无知。50万元赌金我也不要了。现在在我眼里，区区50万元怎么能和我满脑的知识相提并论？"

说罢，赌徒就气宇轩昂地走出房间，留下富翁独自在房中发愣。

成功就是每天进步一点点。赌徒利用10年的时间，每天进步一点点，终于实现了从一个赌徒到一位满腹经纶的知识分子的飞跃。

然而，现实生活中，总有人把成功归于个人运气的好坏。其实不管是好运气还是坏运气，都会公平地摆在每个人面前。人生从不会特别地关照某一个人，关键看你如何抓住摆在你面前的机会。要明白，比你聪明的人很多，但比你努力、比你勤奋的人不多，每次一点点的放大，最终会带来一场“翻天覆地”的变化。正如数学中50%×50%×50%=12.5%，而60%×60%×60%=21.6%，每个乘项只增加了0.1，而结果却几乎是成倍增长。每天进步一点点，假以时日，我们的明天与昨天相比将会有天壤之别。

每天努力一点点，不是可望不可及，也不是可遇不可求，但要做到却也并不容易，因为任何丝毫的进步都不会从天而降，都不能唾手可得，都必须经过一番艰苦的努力。

第一步，规划。每天进步一点点，需要每天都要具体设计，认真规划，既不能急躁，又不能糊弄，更不能作假，因为这不是做给别人看，也不是要跟人交换什么，而是严于律已的人生态度和自强不息的进取精神。具体来说，设定的目标应该具体化和简易化。也就是说刚开始，目标不但要具体，而且要低，容易实现，哪怕是小小的成就也会给我们信心和勇气来慢慢实现后面更大的目标。譬如说学英语，你可以将目标设定为每天背10个单词，当天背了就在当天的表格上写上一个“+”，用以给自己鼓励，之后再逐步增加。

第二步，反省。人就是在不断的反省、检查和总结中才得以进步的，通过反省和总结得出结论，然后再逐步进行改良，这样就会越来越好。例如，你可以把工作、学习和生活分开来反省检查：今天的工作，哪些做得好，要坚持，哪些做的不好，不好在哪里，如何改良；今天的学习，有没有进步，时间利用怎么样，效率如何，好的要加冕，不好的要改之；今天的生活，对家人做错了什么，多说了什么，少做了什么，该怎么做维持一个和睦的家庭生活氛围，等等。

第三步，坚持。每天进步一点点，贵在每天，难在每天。要想坚持下去，一个最有效的方式就是将其变成一种习惯。习惯的力量是无穷的，一旦养成一个好的习惯，你就会终生遵循这个习惯，并且从中受益无穷，从而让你的人生进入递进式的高度。在养成习惯的过程中，你要耐得住寂寞，不因收获不大而心浮气躁，不为目标尚远而情疑动摇，而应具有持之以恒的韧劲；还要顶得住压力，不因面临障碍而畏惧退缩，不为遇到挫折而垂头丧气，而应具有攻艰克难的勇气；更要抗得住干扰，不因灯红酒绿而分心走神，不为冷嘲热讽而犹豫停顿，而应有专心致志的定力。

一个人，如果每天都能进步一点点，哪怕是1%的进步，试想，有什么能阻挡得了他最终达到成功？每天进步一点点，使每一个今天充实而又饱满。每天进步一点点，终将使一生厚重而充实。

延伸阅读：神奇的励志公式

$(1+1\%)^{365}$=37.7834。

$(1-1\%)^{365}$=0.0255。

这个公式源于日本某小学贴的一张海报，目的是让孩子们懂得努力。

从表面上看，1+1%与1－1%的差距并不大，不过是2%而已。但是，随着天长日久的积累，这两个数字带来的结果却有天壤之别：

1.01的365次方=37.78343433289>1

1.01=1+0.01，也就是每天进步一点。1.01的365次方也就是说你每天进步一点点，一年以后，你将进步很大，远远大于“1”。

1^{365}=1

1是指原地踏步，一年以后你还是原地踏步，还是那个“1”。

0.99^{365}=0.02551796445229<1

0.99=1－0.01，也就是说你每天退步一点点，你将在一年以后，远远小于“1”，远远被人抛在后面，将会是“1”事无成。

有破茧之痛才有羽化之美

未经大事难成人，不经打击老天真。

许多人小时候都有过这种经历：在草地上发现了一个蛹，把它捡回家，看蛹如何羽化成蝴蝶。过几天，蛹上出现了一道小裂缝，里面的蝴蝶挣扎了好几个小时，身体似乎被什么东西卡住了，一直出不来。我们会于心不忍，心想："我必须助它一臂之力。"于是，拿起剪刀把蛹剪开，帮助蝴蝶脱蛹而出；可是蝴蝶的身躯臃肿，翅膀干瘪，根本飞不起来。我们以为几小时以后，蝴蝶的翅膀会自动舒展开来，可是一切依旧，那只蝴蝶注定只能拖着臃肿的身子与干瘪的翅膀，爬行一生，永远无法展翅飞翔。

于是，我们知道了：蝴蝶一定得在蛹中痛苦地挣扎，一直到它的双翅强壮了，才会破蛹而出。

其实，人也是一样。没有经过蜕变的人，只能是一个没有社会经验的、无法成熟的人。外界的冲击、拍打、折磨和历练，有时候恰好是一个让人迅速成长的最好的方式，只有用心去咬破坚硬的外壳，才能真正让生命如蝶儿般绚烂。

从前，在一座寺中有一个小和尚。他从小就出家了，是寺里的和尚们把他抚养长大的。他很勤劳。每天天还蒙蒙亮，他就去担水、打扫，做过早课后要去寺后的市镇上购买寺中一日所需的日常用品。回来后，还要干一些杂活，晚上还要读经到深夜。就这样过了10年。

有一天，小和尚有了点空，就和其他小和尚在一起聊天。他发现别的小和尚都过得很清闲，只有他一个人整天在忙忙碌碌。他发现，虽然别的小和尚偶然也会被分派下山购物，但他们去的是山前的市镇，路途平坦而且也比较近，买的东西也都是比较轻便好拿的。而10年来方丈一直让他去寺后的市镇，要翻越两座山，道路崎岖难走，回来时肩上还要背着重重的米或者油等很重的东西。小和尚很奇怪，他就跑去问方丈："为什么别人都比我自在呢？没有人强迫他们干活读经，而我却要每天都干个不停呢？"方丈没有回答，只是微笑。

第二天中午，当小和尚扛着一袋小米从后山走回来时，发现方丈正在等着他。方丈把他带到前门，自己就在那里坐下读经，让小和尚在旁边等着。太阳快要下山了，前面山路上出现了几个小和尚的身影，当他们看到方丈时，一下愣住了。方丈问那几个小和尚："我一大早让你们去买盐，路那么近，又那么平坦，怎么回来的这么晚呢？"

几个小和尚面面相觑，说："方丈，我们说说笑笑，看看风景，就到了这个时候。10年了，每天都是这样的啊！"

方丈又问站在自己身旁的小和尚："寺后的市镇那么远，翻山越岭，山路崎岖，你又扛了那么重的东西，为什么回来的还要早些呢？"小和尚说："我每天在路上都想着早去早回，因为肩上的东西重，我才更小心地走，所以反而走得又稳又快。10年了，我已经养成了习惯，心里只有目标，没有道路了。"

方丈听了他这一番话，就笑了，说："道路平坦了，心反而不在目标上了。只有在坎坷的路上行走，才能磨炼一个人的心志啊！"

几个月后，寺里忽然严格考核所有的和尚，从体力到毅力，从经书到悟性，面面俱到。小和尚因为有了10年的磨炼，所以一下子脱颖而出，被选拔出来去完成一项特殊的使命。在和尚们羡慕和钦佩的目光中，小和尚坚毅地走出了寺门。

这个当年的小和尚就是后来著名的玄奘法师。在去西方取经的路上，虽然艰险重重，他的心却一直闪着执着的光。历尽千辛万苦，他终于完成了自己神圣的使命，成为历史上有名的大法师。

煎熬、磨炼、挫折、挣扎，这些都是一个人成长必经的过程。而且，也正是这些阻力让我们在应对它们的同时练出了“肌肉”，让我们不再畏惧精神和肉体上的痛苦，反而将外在的压力看作是一种兴奋剂，激发我们更多的热情和力量。

关于这一点，有一位赫赫有名的集团老总就深有体会。他在年轻时穷困潦倒，家徒四壁，没有人看得起他。一贫如洗的生活让他不得不四处寻找赚钱的机会，他对成功充满了热切的渴望。后来他只身下海，从小本生意开始，在短短的10年内，把一家手工作坊扩张成了资产达亿元的私营企业。有记者采访他：“如果你能出生在城市，受良好的教育，有稳定的生活环境，或许你现在的成就会更大。”他沉默了一会儿，说：“也许可能。但我相信，如果我不是生活在农村，没有经受过那么多苦难，而像其他城市人一样有衣穿，有房住，被人看得起，我会心安理得地过下去，绝不会开办什么家庭作坊。从这个意义上说，我要感谢我所经历的磨难。”

在漫漫人生路上，紧密地策划未来的行程，并且谨慎地向前行，这当然是很好的人生方式。可是人生永远是个未知数，谁都不知道明天会发生什么样的事情。当遭遇磨难的时候，能不能蜕变出来，就显得尤其重要。如果因为在伤痛面前退缩而忽视了每天该做的事情，那样我们只会停滞不前。最好的方式就是行动起来，在磨难中锻炼自己，把磨难看做破茧前的考验，看作是为最后成蝶做好的准备、铺好的道路。尽管这一过程会很痛苦，但对于生命的重生而言，它实在是一种必需。也只有经过自己的努力，冲破重重的束缚，才能真正享受到重生的欢愉和快慰。

正如罗曼·罗兰所说，痛苦就像一把犁，它一面犁破了你的心，一面掘开了生命的新起源。受挫一次，对生活的理解就更进一步；失败一次，对人生的理解就加深一层；失误一次，对人生的醒悟就增添一阶；不幸一次，对人世的认识就成熟一级；磨难一次，对成功的内涵就透视一层。这让我们更加成熟，更加坚韧，使我们谱出更加壮美的生命之歌。

延伸阅读：树立蜕变观念

对于人的蜕变和成熟，我们应树立这样几个观念：

首先，要有蜕变的自我主动性。每个人不仅要对自己进行不同程度的改革，还要有不蜕变就没有新生的信念。

其次，要充分认识到蜕变的复杂性。人的成长蜕变是一个复杂的过程，涉及到很多因素，并不是改变了自己某一项缺点，就能够完成人生的蜕变。蜕变是一个人在特定阶段全方位的改进与配合。

最后，蜕变是发展的必然。没有蜕变，就没有发展。对于那些我们想改变的，不要总是停留在想的层面上，我们要做的就是发现并进行实践。

坚持做自己认为正确的事情

走自己的路，让别人说去吧！

有一个小和尚非常苦恼沮丧，禅师问他何故，他回答："东街的大伯称我为大师；西巷的大婶骂我是秃驴；张家的阿哥赞我清心寡欲，四大皆空；李家的小姐却指责我色胆包天，凡心未了。究竟我算什么呢？"禅师笑而不语，指指身边的一块石头，又拿起面前的一盆花。小和尚恍然大悟。

其实，禅师的笑而不语，正是一语道破了生命的本义。他的意思是说，石块就是石块，花朵就是花朵，自己就是自己，根本不必因为别人的说三道四而停下自己的脚步。

男孩的中学学业是在不断被中断的过程中完成的，因为他的父亲是一位四处飘泊的驯马师。每过一段时间，他们就需要从一个牧场到另一个牧场，从一个马厩到另一个马厩，或者从一个赛马场到另一个赛马场地给人驯马。

等他念高中时，一次作文课后，老师让他写一篇作文，讲讲他长大后想成为一个什么样的人、想做什么。

当天晚上，他认认真真、洋洋洒洒地写满了7页纸，描述了他的伟大目标——拥有自己的牧马场。他不仅详细描述了自己的这个梦想，还画上了一张200亩牧马场的设计图，上面标出了4000平方米的豪宅及所有房屋、马厩和跑道的位置。可以说，他把整个身心都用于写作这篇作文了。

第二天，他把作文交给了老师，并对它充满了期待。

不过，两天后，他却拿回来一个写有大大的、红色的“不及格”的本子。放学后，这个胸怀梦想的男孩去见老师，他问道：“我为什么得了一个‘不及格’？”老师说：“对你这样年幼的孩子来说，这是一个不切实际的梦想，是一个你无法做到的梦想。因为拥有一个牧马场需要一大笔钱，你要花钱买地，你要花钱买纯种马匹，还要花钱给母马配种。而你没有钱，没有资源，你的家人又四处漂泊。”老师又接着说：“如果你愿意重新写一个更切合实际的目标，我会重新考虑你的分数的。”

男孩回到家，沉思良久。一个星期之后，他去见了老师，交上了一字未改的原稿。他对老师说道：“你留着你的‘不及格’，我留着我的梦想。”

如今，这个男孩已经长大成人，他拥有一幢4000平方米的豪宅，座落在一片方圆200亩的牧马场中央。他将那份作文装裱后，挂在壁炉的上方。之后的一个夏天，那位老师带着30个学生，到他的牧马场上露营了一个星期。离开的时候，老师对他说：“我做你的老师时，差点儿偷走了你的梦想。那些年，我偷走了很多学生的梦想。幸运的是，你意志坚定，没有放弃自己的梦想。”

凡是自己认为正确的事情，都值得去说，值得去做。别人有别人的判断方式，你有自己的特殊倾向，千万别让旁人的无知愚昧、大惊小怪或者消极态度阻挡了你的脚步，让你不能做最好的自己。

不过，要坚持做自己认为正确的事情，并不是一件容易的事。因为在成长的历程中我们往往会受到来自各种渠道的指导：小的时候父母会告诉你要怎么怎么做才是正确的；读书时老师会告诉你怎么怎么做是正确的；工作后老板会告诉你怎么怎么做是正确的……那么，最后不论你自己想决定做些什么的时候，就会发现自己似乎不再那么坚定地信任自己的判断了。不过，即使错了又怎样？雨果曾说：“尽可能少犯错误，这是人的准则。不犯错误，那是天使的梦想。”人从小到大，从大到老，就是一个不断犯错误，不断改正错误的成长、成熟过程。如果你因为害怕犯错误，害怕别人嘲笑或指责，就止步不前，这注定是另一个错误。

埃连娜·罗斯福说得好：做你心里认为正确的事——因为你不管怎么做总会受到批评。如果你做的话，会受到指责；而你不做的话，还是会受到指责。那么，你还有什么理由不去坚持做自己认为正确的事情呢？

首先，增强自己的意志力。将意志力应用于积极向上的目标，将会变成一种巨大的力量，从而忘掉一切不愉快的事情。同时，提高自己对外界反应的“抵抗力”，不论什么东西也不能把你击倒。

其次，学会视而不见。要下定决心不去管别人的坏情绪，就当自己看见一件丑陋的家具那样自然。这种傲然、坦然的人格立场，是一种恒定的力量，久而久之，给你“脸色”看的人也就自觉没趣，脸色也就悄然隐匿了。

再次，始终明确自己的目标。致力于自己的奋斗目标，工作的乐趣会使你忘记一切负面的东西。如果可以，你还需加快前进的脚步，这会让你根本没有时间顾及其他的陈谷子烂芝麻。

最后，一定要坚持到底。俗话说“有志者事竟成”，将自己的注意力集中到目标上来，从而忘却一切干扰和影响。人的一生不可能一帆风顺，多多少少都会遇到一些坎坷和波折。世界上之所以有强弱之分，究其原因是前者在接受命运挑战的时候说：“我会坚持下去。”后者说：“算了，我承受不住。”当你将恒心和毅力，转化为一种习惯时，无论遭受多少挫折，仍坚持朝成功的顶端迈进，直至抵达为止。

延伸阅读：正确对待反对的声音

“我们极希望获得别人的赞扬，同样的，我们也极为害怕别人的指责。”这是著名心理学家席莱说过的话。但我们每个人绝无可能孤立地生活在这个世界上，几乎所有的知识和信息都会受到别人的教育和环境的影响，但你怎样接受、理解和加工、组合，这是属于你个人的事情，这一切都要独立自主地去看待、去选择。那我们如何才能在我们的思想中调和，而不是屈服于我们所面临的批评呢？

首先就是要培育自己的信念。信念是一种非此即彼的东西。你要么拥有信念，要么没有信念。如果你相信自己所做的，如果你的脑袋在晚上碰到枕头的时候，你知道自己所做的是正确的，这才是真正重要的东西。

其次是要调整自己的情绪。余秋雨说，很多人总是很在意别人的手指对自己伸出的是大拇指，是食指，是中指还是小拇指，并用此来评判自己的行为，或左右自己的心情，其实没有必要。不要太在意别人的手势，权当他在做运动就好了，只要自己觉得高兴就好。因为最终过你的生活的人是你自己，而不是其他人。保持心平气和、情绪镇定、信念坚定，你要为自己而活。

羡慕别人，不如自己努力

> 羡慕别人，不如自己成为那样的人。

世间万物，总是参差不齐地共存于天地间。那么有相对的高，就必定存在相对的低；有优就必然存在相对的劣。于是，一种无形的比较，一种潜藏的较量在所难免。羡慕，也就应运而生。

羡慕别人，可以说是人类一种很正常的情感。穷人羡慕富人，士兵羡慕将军，丑女羡慕美人，残疾人羡慕健康人，失败者羡慕成功者，打工仔羡慕老板，名落孙山者羡慕金榜题名者……很多时候，羡慕会变成我们超越别人的动力，这是一种不可或缺的有益心理。

但如果我们把对别人的羡慕变成心中的狭隘和妒火中烧，从而做出一些不理智的事情，甚至变得自卑，觉得自己处处、事事不如别人，因而失去勇气和信心，就是很不可取的。

有这样两家人，他们表面看上去相处得很好，但是其中一家的男主人却是个嫉妒心很重的人。例如，他表面上对另一家新购置的房产欢欣鼓舞，或者为对方的儿子考上大学而击掌庆贺，一到了自己家里，他就变得恶狠狠起来：凭什么他这么有钱，凭什么他的儿子就能上大学，而我什么都没有呢？他在心里诅咒，每天都盼望他的邻居倒霉：或盼望邻居家着火，或盼望邻居得什么不治之症，或盼望邻居的儿子出意外……然而，每当他看到邻居时，邻居总是活得好好的，并且微笑着和他打招呼。这时他的心里就更加不痛快了。就这样，他每天折磨自己，身体日渐消瘦，胸中就像堵了一块石头，吃不下也睡不着。

终于有一天，他决定给他的邻居制造点晦气。这天晚上，他在花圈店里买了一个花圈，偷偷地给邻居家送去。当他走到邻居家门口时，听到里面有人在哭，此时邻居正好从屋里走来，看到他送来一个花圈，忙说：“这么快就过来了，谢谢！谢谢！”原来邻居的父亲刚刚去世。这人顿觉无趣，“嗯”了两声，便走了出来。这使他觉得很窝火，不但没有达到目的，反而把自己陷进去了，让别人捞了“好处”。终于，他又等来了一个机会。上帝说：现在我可以满足你任何一个愿望，但前提就是你的邻居会得到双份的报酬。那个人高兴不已。但他细心一想：如果我得到一份田产，邻居就会得到两份田产；如果我要一箱金子，那邻居就会得到两箱金子……他想来想去，不知道提出什么要求才好，他实在不甘心被邻居白占便宜。最后，他一咬牙：“哎，你挖我一只眼珠吧。”

嫉妒之心，害人终害己。何必呢？

在现实生活中，不够成熟的年轻人最容易产生嫉妒心理。他们之所以嫉妒别人，一个重要的原因是自己不求上进，又怕别人胜过自己，似乎别人成功了就意味着自己失败，最好大家都成矮子才显出自己高大。于是，“事修而谤兴，德高而毁来”“怠者不能修，而忌者畏人修”“我不学好，你也别学好，我当穷光蛋，你也得喝凉水”。仿佛只有看到别人阴沟里翻船才是自己人生的一大快事，有时甚至是可以不计任何后果地想让那个让自己眼红的人遭殃。

不过，在嫉妒别人的同时，是不是也应该明白这样一个道理：每一个人在被人嫉妒的过程中都曾经历过艰辛，并且现在也在不懈地坚持。与其在别人的辉煌里自暴自弃，不如努力成为别人嫉妒的人。

其实，看见自己很想做的事别人可以轻易完成，因而出现嫉妒的情绪，这也可以理解。但是，如果只是一味地嫉妒，则会直接影响你的情绪，极大扭曲你的身心健康，从而让你的学习和工作效率大大降低。想一想，怀着愤怒与怨恨、羡慕与憎恶、屈辱与伤心等复杂的感情，怎么可能安下心来对待学习和工作？这些感性的情绪，会毁灭一个人的理智，让人心烦意乱不能专心，甚至，会想一些办法，让对方也不能如意，把精力都放在勾心斗角上，从而使人无法取得进步。

细细想来，别人的生活怎样与你何干？别人的优秀并不妨碍你的前进，相反，它可能给你提供了一个竞争对手，一个学习和赶超的榜样，会使你在今后的奋斗历程中迸发出前所未有的动力。事实上，一个真正埋头于自己事业的人，是没有工夫去嫉妒别人的。所以，与其把精力放在嫉妒别人上，不如放在超越自我、努力进取上。如果将嫉妒的负面情绪转换成正面能量，那就成了成功的出发点。正如波普尔曾经说过：“心胸卑鄙的人是嫉妒的奴隶；对有学问、有度量的人来说，嫉妒可化为竞争心。”

而要除掉嫉妒之心，爱无疑是最好的方法。

爱，可以产生无限的容纳，容纳可以抵抗嫉妒之心滋生，容纳可以遏止嫉妒之心发展；爱，可以转移自己的注意点，看到别人的成功，就去想别人为成功所付出的代价，看到别人的优势，就告诫自己，发现自己的才智和毅力，发挥自己的才智，充满百倍的信心，创造出更美的成绩；爱，可以让自己更有涵养和魅力，当我们把所有的精力都集中在爱心上，时常摧促自己要尊重与乐于帮助他人，不仅可以克服自己的嫉妒心，还可以使自己免受嫉妒的伤害。

总之，从现在开始，把目光从别人身上收回来，做自己想做的人吧！而且，还要坚信你一定能成为那样的人。过去你是什么样的人已无关紧要，重要的是以后你想成为什么样的人。每一个人内心所真正需要的正是自己心目中的崇高目标，在本质上都可以从丰富的生活或积极的创造过程中体验到。当你体验到幸福、自信、成功的饱满的感情时，你就是在享受丰富的生活，而且真的会有许多好处或好事在等着你。

延伸阅读：用好比较

英国学者托马斯·富勒说："使人高兴或沮丧的，与其说是事实，还不如说是'比较'。因为参照物的选择决定了人的感觉。"只要选对了参照物，我们就可以在比较之中找到自信并感到幸福。

一方面是纵向比较，也就是与自己的过去比较。可以说，人是在对自己既定目标的追逐中体会到幸福的，在不断接近目标的过程中，你就是在创造自己新的人生轨迹。如果你暂时"今不如昔"，也不必太悲哀，这时你可以跟一些还不如自己的人横向比较，安慰一下自己：自己还不是最差的。这也不能说是自欺欺人，这是提醒自己要懂得珍惜自己目前仍然拥有的东西，珍惜自己所享有的福分。

另一方面是横向比较。应该在了解自己的基础上寻找横向的参照物。如果心比天高，总是跟实力比自己强得多的人比较，只会给自己带来无谓的烦恼。如果你是个普通人，非要跟比尔·盖茨比财富，跟乔丹比篮球，有意义吗？要知道，首先，人与人的天赋、境遇不同；其次，他人的幸福未必是你的幸福；另外，他人获得了巨大的成功，肯定付出了你所不知道的代价。从这个意义上讲，你对自己最终所获得的东西，应抱有"尽力即心安"的态度。

六、莫冷

——别等到失去了才后悔没好好珍惜

爱情不是在明月之下闲散，也不是在长板凳上叹息。时时刻刻用爱去感受对方的哪怕最细微的需求，千万别等到失去了才后悔没好好珍惜。

完美的爱情，只在远方

如果你把爱情放在不切实际的童话里，那么你的爱情就注定是一个悲剧。

不可否认，更多时候，爱情是年轻人的事。但就在美好的年纪里，有着这样一群年轻人，他们大多接受过高等教育，有一份很好的工作或前途，外表也十分吸引人，却成为了找不到合适对象的“剩男剩女”。

为什么？

因为他们都在等待着一份完美的爱情。在虚无缥缈的想象中，他们甘做永远飞翔的鸟。

城市里来了一位老人。他背着一个破旧不堪的包袱，脸上满是风霜，鞋子上也有好几个破洞，一看便知是来自远方的旅人。

虽然老人的外表看起来很狼狈，可他却有着一双炯炯有神的眼睛，不论是行走或躺卧，他总是仔细而专注地观察着来来往往的人。

过往的行人都被这个特殊的老人所吸引。人们窃窃私语，都认为他不是一个普通人，而是一个特殊的寻找者，但同时也都奇怪老人到底在寻找什么。

这时，一个好奇的年轻人忍不住问他：“您究竟在寻找什么呢？”老人说：“我像你这个年纪的时候，就发誓要寻找到一个完美的女人，娶她为妻。于是我从自己的家乡开始寻找，一个城市又一个城市，一个村落又一个村落，一直找到现在。”

“那您一直都没有找到吗？会不会这个世界上根本就没有完美的女人呢？”年轻人接着问道。

老人斩钉截铁地说：“有的！在30年前我真的曾经找到过一个完美的女人！”老人边说边陷进深深的回忆里，“在30年前的一个清晨，我真的遇到了一个最完美的女人，她的身上散发出非凡的光彩，就如仙女下凡一般，她温柔而善解人意，她细腻而体贴，她善良而纯净，她天真而庄严……”

“那么，您为什么不娶她为妻呢？”年轻人打断了老人的回忆。

老人忧伤地流下了眼泪：“我立刻就向她求婚了，但是她不肯嫁给我。”

“为什么呢？”

“因为她也在寻找这个世界上最完美的男人呀！”

你是不是也在等待一个完美的爱人？别做梦了，你只是在浪费你的大好青春，千万别让自己变成第二个“老人”。

也许是受虚幻爱情故事的影响太深，现在很多的年轻人喜欢沉溺在爱情的梦幻里。小说、电视、电影中那些高大轩昂、浪漫多情的男主角和那些温柔可人、美丽优雅的女主角都成了他们的梦中情人，他们发誓一定要找到这样的爱人。可回到现实呢？他们觉得一个比一个不争气，要么长得不够帅、不够美，要么不够浪漫、不够可爱，要么穷得叮当响、要么一身公主病，要么学识不够丰富、要么头脑十分简单。尽管如此，有的人还是固执地坚持着，用他们的话说就是：感情的事怎能凑合？

事实上，爱人，不是要选最好的，而是要选最适合的。因为他（她）要和自己相处一辈子，因此不能像装饰品一样，是为了摆在家里好看，带出去给人称赞的。心理学上“匹配”（match）是个中性词，它没有所谓的好与坏。如果有一个人能够理解你、欣赏你、包容你，理解你的个性，欣赏你的优点，接纳你的缺点，并且让你尽情发挥自身潜能，那么，他（她）就是最理想的爱人。

当然，选择也不是一切。无论男人，还是女人，都不能把一生的幸福寄托在对异性千锤百炼的挑拣中。因为，爱之初，男女之间往往是将自己最美好的一面展现给对方。即使是你当初觉得很“完美”的人，一旦生活在一起，也会有缺点暴露出来。其实，一段爱情，最重要的是养护、滋润，只有投入感情、持续努力，才会把握住自己的幸福。

首先，不能太注重个人感受。许多年轻人在恋爱中，太注重个人情感，把自我放在了一个很重要的位置。为了保持自己的尊严、荣耀，故意难为对方，或者不照顾对方家人的感受，这种做法偏离了和谐共处的原则，缺乏家庭生活的协作氛围。正确的做法是，兼顾对方的心理诉求，在妥协中建立稳固的信任关系，实现相互帮助的局面。

其次，多进行沟通。没有哪两个人是天然适合生活在一起的，两个人的生活重在磨合。而磨合期最需要的是有效沟通，双方要摸索适合彼此的沟通方式，尽可能用幽默的语言化解矛盾，多花些时间在沟通上。两个人应该有默契，让对方理解自己头脑中的想法。那些喜欢玩“猜谜”游戏的人，天长日久，就会给生活埋下隐形的地雷。

再次，多看看对方的优点。确立了爱人关系后，切忌急躁，要认真研究、了解、分析对方，多看优点，少看缺点，努力找寻双方感情的结合点。爱人之间只有相互欣赏、相互鼓励，才能携手演奏出一曲人间美妙动听的天籁之音。如果你总是将眼睛盯向对方的缺点，并且用讨厌、仇视、挖苦、讽刺式的方式打击对方，很可能会让你们的关系受伤。

富兰克林说得好：“结婚以前睁大你的双眼，结婚以后闭上你的一只眼。”事实上，每个人都不可能完美无缺，只要不是原则性的大问题，就不要太过较真，求全责备，而应该多体谅、多包容，这样彼此相处才会和谐，爱情才能得以延续。

总之，美好的时光总是很短暂，为了不辜负易逝的青春，请认真过好每一天，奉上一段纯真甜蜜的爱情，并从这一刻带着认真负责的态度上路，那么，理想的爱情便会跟着你人生的时光快乐前进。

延伸阅读：你们合适吗？

心理学家认为，判断两个人是否适合“牵手”，应考虑以下10个因素。

1. 彼此都是对方的好朋友，不带任何条件，喜欢与对方在一起。

2. 彼此很容易沟通、互相可以很敞开地坦白任何事情，而不必担心被对方怀疑或轻视。

3. 两人在心灵上有共同的理念和价值观，并且对这些观念有清楚的认识与追求。

4. 双方都认为婚姻是一辈子的事，而且双方（特别强调“双方”）都坚定地愿意委身在这个长期的婚姻关系中。

5. 当发生冲突或争执的时候可以一起来解决，而不是等以后再发作。

6. 相处可以彼此逗趣，常有欢笑，在生活中许多方面都会以幽默相待。

7. 彼此非常了解，并且接纳对方，当知道对方了解了自己的优点和缺点后，仍然确信被他所接纳。

8. 从最了解你、也是你最信任的对方处得到支持的肯定。

9. 有时会有浪漫的感情，但绝大多数的时候，你们的相处是非常满足而且是自由自在的。

10. 有一个非常理性和成熟的交往，并且双方都能感受到，在许多不同的层面上你们是很相配的。

爱，是个动词

爱就告诉他（她），你有50%的几率痛苦，也有50%的几率快乐；如果你一直不说，你就有100%的几率痛苦。

在面对爱情时采取被动，似乎是女人永远的姿态，甚至有些男人也毫无主动性和积极性，他们总是消极等待着另一半的降临，认为有缘之人一定能相见。如果“命中注定”没有出现呢，他们就只表面化地将其归为没有人来追求自己。他们宁愿采取最愚蠢的方式，永远站在那里等待爱情，最后把自己推到了寂寞的深渊。

事实上，爱情，对被动的等待者往往是不屑一顾的，而对主动的追求者却格外垂青——机遇来自你的创造。法国著名大文豪雨果曾经说过：“爱就是行动。”勇敢大胆地向自己的意中人表示自己的爱意本身就是爱的表现之一。而执着地追求是对对方感情深挚的外在表现。特别是女孩往往会从男孩子的追求中体验到甜蜜与自豪感，从而更充分地了解男孩子身上特有的魅力；而男孩也会从女孩或含蓄或害羞或大胆的表白中，掂量出女孩对自己的感情之真挚。

有一个男孩，一直喜欢着跟他青梅竹马的一个女孩，可他一次也没有向女孩表白过。他知道女孩很喜欢百合花，于是在心里盘算着，等到女孩生日的时候，就送她一束美丽的百合花，说出自己的心意。

终于等到了女孩的生日。这一天，男孩来到了女孩回家的必经路上，轻抚着包里面的花，脑子里勾画出了美好浪漫的画面。“你好啊！”男孩被女孩的声音拉回了现实，看着女孩，男孩突然一下子紧张起来，刚才的浪漫和从容一下子做梦一样都不复存在了。于是，他装出恰巧碰到的样子，回了一句：“你好，这么巧。”女孩看着男孩，好像有些失望的样子，说：“回家吗？一起啊？”男孩一怔：“啊？你先回吧，我还有点事。”听了这话，女孩默默地离开了。看着女孩的背影，男孩苦恼地抽了支烟，暗骂自己是头蠢驴，于是，再次下定决心：“下一次，下一次一定说出来。”

冬去春来，时光飞逝，男孩在下一次之后，又给了自己一个“下一次”，转眼就是3年，男孩已经27岁了，女孩也25岁了，都到了结婚的年龄，家里人也开始为孩子们的婚事着急，男孩就对自己说：“都这么久了，相信彼此都明白对方的心意，今年她生日的时候，我一定要向她表白，顺便求婚。”于是，他又来到了那个路口，幻想着一个又一个幸福的画面。等啊，等啊，终于等来了女孩，可让他绝望的是，女孩的身边却出现了另一个男孩。女孩和他打招呼，他又装出恰巧碰到的样子……

在夜晚烟花燃起的时候，男孩心碎了，鲜艳的百合花也在黑暗中枯萎了……

多年以后，男孩变成了白发苍苍的老人，他终身未娶，在弥留之际，他来到了那个守候多年的路口。或许是巧合，当年的女孩，现在的老太太，也不约而同地出现在那里，老先生问道："是你吗？"老太太看了半天，激动地说道："是你？"两位老人都大笑了起来，老先生说道："你呀，可知道，我在这里等了你很多年啊？""呵呵，那你可知道，在我的心里，也等了你很多年。哎，都一把老骨头了，要不是我家的老头子不在了，我还真不好意思说起这事儿了。"老先生一怔："当年，你心里有我？""是啊，咱们一起长大，一起玩耍，可后来，不知道为什么，你渐渐疏远我了，我就等啊等，一直等到要嫁人了，你也没对我有所表示。那时，家里人又催得紧，我家的老头子又正好出现，他是个好人，交往半年之后，他向我求婚，就在那年放烟花的那个生日，我答应了他。"听了这些话，老先生后悔不已，只能无奈地摇头！

人生短暂，许多东西都是转瞬即逝的，时间如是，爱情亦如是，与其苦苦地等待，不如真心对待和追求自己想要的，那么，你的爱情就一定不会在岁月中耽搁的太久了。

等待有多苦，等待有多累，等待就有多傻！然而，现实生活中，还是有很多人或是因为矜持，或是源于所谓的尊严，不敢主动出击。可是，被动地去等待，等到自己喜欢的人还好，等不到，就只能眼睁睁地看着自己所爱的人投入别人的怀抱。

事实上，真正的爱情绝对不是等来的！被动的等待会使你不敢接受或不能确定它就是你要的爱，死守阵地也会把你拘囿于自己的胡思乱想中而永远得不到幸福的真谛。只有大胆的表白与激情的迸发才能寻找到爱的出口。所以，男孩也好，女孩也罢，如果真的遇到了喜欢的人，不管怎样都应该试着去争取。努力过了，争取过了，幸福就可以掌握在自己的手中。即便失败了，至少曾经用心去争取了，也就没有什么遗憾了。

爱，本就应该是一个动词，它必须、也只能通过行动来实现。在经济学里，有一个名词叫“先动优势”，即先行动者往往比后行动者占有优势，从而获得更多的收益。也就是说，第一个到达海边的人可以得到牡蛎，而第二个到达的人得到的只是贝壳。其实，爱情亦是如此，或许你可以把它理解为先下手为强。比如，第一个对你说“我爱你”的人，总是会比之后的其他追求者更让你印象深刻，哪怕你那时候只是和他在大学校园里拉了拉手、散了散步，到很老的时候，你也不会忘记他。

不过，“先动优势”，也往往会让你爱的人形成惯性，仿佛已经习惯了什么事情都由你发起。你主动了第一次，以后就得永远主动下去。你若发现基本是你一个人在拼命流泪、流汗、唱独角戏，也实在是一件遗憾的事情。所以，在爱情里，找准了那个自己喜欢的人，无论是女追男，还是男追女，首先利用先动优势赢得主动权。待到把握主动、有了优势以后，再学着适当地把脚步放慢，让对方跟上来，两个人步调一致了，爱情才能经营得好。

延伸阅读：表白小技巧

1. 主动问他要电话号码。联络不联络就看你自己了。这样，你就不用整天守在电话机旁等电话了！采取主动也许有点难，但那种一切尽在掌握中的感觉却很棒。

2. 你还可以参与到对方感兴趣的事情中去。你可以做个有心人，去观察心上人的兴趣和爱好，然后努力向他靠近。如果你发现他喜欢听某种音乐，可以买磁带送给他；如果发现他喜欢什么活动，就可以在适当的时候提出一起参加。

3. 你还可以用暗示的方法，让他知道你喜欢他。比如向他借一本书、一把伞，为进一步接触创造机会。如果对方不加以拒绝，你就可以进一步邀请对方看电影，听音乐会，或外出郊游，等等。

4. 你还可以赠给对方自己的照片，并在背后题上表露爱情的诗词、名句，或送对方一束鲜花、几颗相思豆等，把爱的信息传递给对方。

有些人你永远不必等

爱情是两颗心相互迸发出来的火花，而不是一颗心去敲打另一颗心。

爱情，有一个重要而不可缺少的前提，那就是——它的相互性。如果你只是一厢情愿，人家对你并无爱恋之心，那么你的那种强加于对方的爱就变得没有意义，或者说这并不是爱情，而只是你对异性的一片痴情而已。不说会给对方带来困扰，你自己更是每天活在单相思的煎熬中，内心的期盼一次次落空，心中的苦痛也只有自己来尝。

而且，最重要的是：如果一味沉溺在单恋之中，会磨掉自己宝贵的上进心和锐气，还会错过一些值得珍惜的人。人的一生，青春只有一次，把大好的年华耗费在不可能结出果实的爱情上，岂不可惜？

美国女作家玛格丽特·米切尔的作品《乱世佳人》中，就有这样一个悲剧的女人。她叫思嘉丽，从少女时代起，她就狂热地爱上了近邻的一位青年加西亚。每当遇到加西亚，思嘉丽就恨不得把自己全部的热情都倾注在他身上，然而加西亚却浑然不觉。

有一次，思嘉丽正在向加西亚表达她的爱恋之情时，被另一个青年白瑞德发现，从此白瑞德对思嘉丽产生了兴趣。

加西亚并没有领会思嘉丽的真情，同他的表妹梅兰结婚了。这让思嘉丽陷入了深深的痛苦之中，然而她对加西亚的爱恋却丝毫没有减弱。

第二次世界大战爆发之后，白瑞德干起了运送军民物资的生意，并借此多次接触思嘉丽。他非常欣赏思嘉丽独立、坚强的个性和美丽、高贵的气质，狂热地追求她，引导思嘉丽冲破传统习俗的束缚，激发她灵魂中真实、叛逆的内核，让她开始追求真正的幸福。思嘉丽最终经不起他强烈的爱情攻势，他们结婚了。然而思嘉丽却始终放不下对加西亚的感情，尽管白瑞德十分爱她，她却始终感觉不到幸福，一直不肯对白瑞德付出真爱，以致他们的感情生活出现了深深的裂痕。后来，他们最爱的小女儿不幸夭折，白瑞德悲痛万分，对思嘉丽的感情也失去信心，最终离开了她。白瑞德的离去使思嘉丽最终意识到自己的真爱其实就是他，然而一切悔之晚矣。

思嘉丽就是被一个并不爱她的男人蒙蔽了发现爱情的双眼，因此，当真正的爱情一直追随自己时，她却屡屡忽略。

或许作为局外人的我们在评判别人的爱情时，都是理智而聪明的，但是，真正发生在我们自己身上时，我们却又都是冲动而糊涂的。单相思的滋味，相信很多人都品尝过，我们或是爱上了相处多年的好朋友，或是放不下已经分手的昔日恋人，又或者仅仅只是偶然邂逅的路人，甚至还可能是书中或屏幕上的人物，只因一个瞬间，爱恋便产生了。

这种明知道不可能却还一直心甘情愿地为对方付出的爱恋，必然会给自己带来无尽的烦恼。在单相思的状态下，我们往往心情烦躁，情绪低落，敏感多疑，注意力下降，学习、工作效率低，失眠，厌食，严重者会造成忧郁症，影响身心健康，影响正常的生活。

这时，最明智的做法就是果断放下这份没有结果的单恋，让自己从单恋的旋涡中挣脱出来，并把这种消极的情绪升华为乐观积极的勇气和信念，转移到其他合理的方面上去。例如，英国诗人雪莱就曾对其表妹产生爱恋之心，遭到表妹的拒绝后雪莱也曾无比痛苦，但他不乞求，不强制，很快就冷静而果断地割断了情丝，他说：“爱情既然属于心，不是属于身的，那么，她不再存在了。”这种当断则断的做法才是理智的表现。

其实，爱情，就如同一件贵重的礼物。如果别人心甘情愿送给你，你自然欣喜万分、充满甜蜜；如果别人没有送给你，你其实也并没有缺少什么，你依然是你。你实在不应该一生守着一棵永远碰不到的“树”，而放弃了“整个森林”。俗话说“天涯何处无芳草，人间处处有知音”。只要你真正放下了单恋，不再独自忍受那痛苦的单相思的煎熬，不再傻傻地一味付出自己的真感情，不再把自己的心门封闭起来，而是大胆地敞开心扉，去迎接真正属于自己的爱情，那么，是你的，跑也跑不了！

他（她）也许就在你参加的一个聚会中，也许就在慢跑的路上，也许就在路边的拐角处……所以，不要再犹豫了，换上你漂亮的衣服，带上你自信的笑容，装上你不断积累的学识，走出门去，放松心情，真爱很快就会到来。只要满怀希望，充满热情地追求属于自己的那份爱情，并且用心享受自己的幸福，你就能在不知不觉中真正摆脱心里那份曾经的伤痛。

当你找到真正属于自己的幸福时，就会发现：曾经盲目的单相思真是一种浪费自己时间、热情和美丽青春的错误；就会发现，原来天地如此开阔，生活如此美好，快乐和幸福也会慢慢地靠近你，你也因此不再孤单！

延伸阅读：如何跳出单相思？

从心理学的角度而言，单相思有以下几种简便可行而又有效的心理调适法：

1. 防患于未然。要想克服单恋的痛苦，重在防患于未然。一般来说，单恋多是一场情感误会，是“爱情错觉的产物”。学会准确地观察和分析对方表情，用心明辨。要看表现的重复性，某种信息的多次出现可能具有一定的意义，而单单一两次就不足为凭了；不要用敏感的心灵去寻找恋爱的错觉。

2. 爱欲分流法。精神分析学派认为，一个人的生命能量“力比多”是不断流动的。人在青春期，力比多急剧增长，却在体内找不到合适的通道，便会淤积于体内某一处或泛滥、外流，导致心理的不平衡。而单相思一般多发于青春期，便是“力比多”在体内淤积于某一处的结果，这时越把爱欲投注于一个人的时候，这个人的光环就越艳丽多彩，甚至连其缺点也成了魅力所在。如果能把这种爱欲分流（如用在努力地学习和工作中），从而建立新的心理平衡，单相思者就能渐渐从单相思的泥沼中走出来。

爱是需要表达的

一场争论，可能是两个心灵之间的捷径。

爱情是什么？许多人常常将“爱我就应该懂我”“不需要我开口，你也应该知道我在想什么，需要什么”作为衡量爱人是否真正爱自己的标准，并在生活中加以实践。

“读懂”的确是一件很浪漫的事儿，你们心有灵犀，只消一个眼神便能心领神会，便知道对方所思所想、所需所求，这当然是好，不仅好而且令人艳羡。不过，这个世界上从来就不存在真正不需开口说就能有的默契。你的心情和状况只有你自己最懂。与其等着对方猜到你的心思，不如建立良好通畅的沟通模式，主动告诉对方你心里真正的想法，还有你真正想要、在乎的事情。

有一对结婚近60年的夫妇，每次家里吃鸡时，妻子总是把鸡脖子夹给丈夫，因为那是她最喜欢吃的地方。但是，丈夫却并不这样认为，因为丈夫最喜欢吃鸡翅膀，而每次妻子总是把那块“最好的地方”独吞。

有一天，丈夫终于忍无可忍，气愤地吼道：“快60年了，为什么每次吃鸡的时候，脖子都要给我，你自己怎么不吃？”妻子吃惊地看着平日温和的丈夫，惊呆了，好久才小声说道：“我以为那块是最好的。我一直喜欢吃鸡脖子的，于是就给了你。”

丈夫听完这句话流下了眼泪。由于没有了解对方真正的心意，两人误会了将近60年。

爱情是需要表达的！其实近60年中，哪怕妻子能有一次，说一句“我最喜欢吃鸡脖子了，但是，我爱你，所以我留给你吃”这样的话，也不会有那么多年的误解了。

尤其是女人，俗话说“女人心，海底针”，女人在面对她们在乎并爱着的人时，最典型的心理就是：认为男人理所当然应该知道，或者让男人去猜自己的想法。这一点，无论是哪个年龄段的女人都不例外。有时，她们还故意把黑说成白，把正说成反，然后，希望男人能揣摩出自己心里真实的想法，并做得合乎自己的心意。但是，十个男人九个是粗心的，往往无法明白女人这种撒娇的方式，只觉得累而费力。

不通则痛，通则不痛，这是众所周知的中医理论。在感情上，同样适用。把心中的感受说出来，才能更好地交流，从而建立更加密切的关系。你应该明白双方对任何一个问题的看法都需要交换意见，那种只一个眼神就明白一切的场景只是小说和电影。当你重视自己的感受，并能用适合的话语把这些感受清楚地表达出来，就能够给对方更多的机会来了解自己。

爱与不爱都要说出来。

“我在外面工作辛苦压力大”“我甘心在家做家务毫无怨言出于爱”……这一切，我们都以为对方知道得一清二楚，但是很多时候，如果你不明确表白，将心意正确传达到对方那里，对方永远都不知道。

要想让对方充分感受到你爱的行动，那就要大声地告诉他（她）“我爱你”。或许你会问，既然两个人已经相爱，还有必要说出口吗？当然。而且你要知道，两个人相处得越久，一句真诚的表白越显得浪漫。那些在爱情中享受甜蜜的人，之所以能牢牢俘虏住对方的心，就是因为他们往往会边说边做，让爱人既能看到自己的行动又能明白自己的心意；而那些在爱情中觉得不幸福的人，尽管付出的爱并不少，但通常换不到相应的理解和回报，就是因为他们不懂得将爱说出来。

另外，你的不喜欢，也需要表达出来，让对方明确知道你的想法。有时候因为怕伤感情，就默默地不讲，这种沉默反而会将问题积累，直到最重要的时刻，摆你们一道。比如，你不喜欢对方沉迷电脑游戏，不喜欢对方花钱铺张，不喜欢对方的卫生习惯……都需要表达。不过，这时，你表达的目的是传达你明确的态度，而不是为了改变他。你只要让他知道你不喜欢就可以了。

需不需要也要说出来。

向对方要你真正想要的，事前平和地开口要求，比事后责骂怨怪有效得多。当然不是蛮横无礼，而是适时表达真切的需要。例如，如果你希望他帮你做家事，替你分忧解劳，那就开口。如此才能帮助双方，减少沟通误会，达到最满意的结果。

其实，不管是做什么，如果你希望对方做到，都可以开口要求。你的要求如果是真切且适合的，绝对不会吓走另一半。再者，若因此而吓走另一半，那个人或许不是那么合适。别担心你的要求很蠢，恋人之间再蠢的甜言蜜语都在说了，重点是要求的方式和态度，而非内容；也别担心自己会矮人一截，两性关系是平等互惠的，敢于开口要求才是真正的平等。让惧怕担心横在你内心的真正需求前面，那才是真的矮人一截；别怕被羞辱，爱你的人是不会羞辱你的，羞辱你的人，也不必再跟他在一起了；也别怕开口要求而会被抛弃、被责怪，很多时候，爱人反而因被需要而感到满足与开心。所以，开口要求另一半，让他感觉到自己能够对所爱的人付出关心，如果他真正爱你，这份心意会让他产生满足感以及快乐，而非厌恶或离开。

另外，当爱人向自己询问需求时，许多人喜欢说“随便”“都好”，难道你的感情也是可以“随便”“都好”的吗？如果你当下真的没有想法，多花一两句话的工夫，至少把不要的内容表达清楚；或者说“我现在没有特别的想法，交由你决定。但我可能会有不喜欢的，若是如此，我会告诉你”。清楚的讯息，让另一半在替“我们”做决定时，也可以少一些承受决策失误的担心。

总之，别再迷恋那所谓的不需开口说的默契了。两个人的亲近，是通过更深入的了解来维系的，而了解就需要两个人主动明确的态度。希望我们都能使用好自己的表达，让它准确顺畅地传达自己的心意，让双方更好地了解彼此，让感情的基础更加牢固。

延伸阅读：不该说的话

在沟通的过程中知道不该说什么，恐怕比知道该说什么更重要。有哪些话不该对恋人说呢？

“我早跟你说过了。”

“你简直跟你妈一样。”

“你总是心情不好。”

“你就是不会动脑筋。”

“都是你的错。”

“你有毛病呀。”

“你只会抱怨。”

“我怎么都无法让你高兴。”

“我费尽唇舌跟你说都没有用。”

“你为什么总是不听我说？”

“你该得到这种下场。”

“你负责任些，不行吗？”

“你当时在想什么？”

“真受不了你。”

“不知道我为什么会跟你在一起。”

“我爱怎样就怎样。”

“你不喜欢的话可以走。”

“你就不能做对一件事吗？”

“真笨。”

“你只想到自己。”

“你还不是一样。”

"你如果爱我，就应该这么做。"

"你简直是三岁小孩。"

"我永远搞不懂你。"

"你总是对的吗？"

"你是不是问得太多了？"

"我要你怎么干就怎么干！"

这些话听着是不是很刺耳？你自己肯定不爱听对方这样对你说，那么你也不要对对方说这样的话。

相爱，不等于就此依赖

在爱情中保持独立的个性，是爱情保鲜的必要条件。

爱情中的两个人，往往是同住一室、共宿一床、同吃一锅，只要一方有的另一方也少不了，因而有些人就产生了依赖对方的想法：自己不会做饭干脆不做，再晚也要等着对方来做，实在等不回来了，就下馆子；电路故障、下水道堵塞、电器损坏等，一概无可奈何，就等着对方来处理这一应让人堵心的事……像这样的，有天塌下来也有对方给顶着的想法的人肯定不少。

然而，相爱，可不等于就此依赖。无论男人还是女人，爱情，都不是让自己丧失独立的人格的理由。当把不过于依赖对方作为爱情的信条时，两个人就会共同学习料理家务，共同处理各种事务，而且，即使在爱情遇到意外变故的时候，自己也能独当一面，也能应付自如，继续快乐地生活下去。

那一年，贝丝因为种种原因没有了工作，起初贝丝也彷徨郁闷过，但毕竟还很年轻，渐渐也就释然了，更何况贝丝还有个不错的婚姻，丈夫罗宾向贝丝信誓旦旦："亲爱的，别怕，有我养你呢！"

贝丝也就一心一意地做起了全职太太，起初的日子是甜蜜温馨的。贝丝把精挑细选的原材料变成一道道美味的菜肴，把家里打扫得窗明几净。罗宾每天回到家里，都有可口的饭菜和舒适的环境，所以两人都各得其所。

然而随着时间的推移，贝丝开始厌倦这种仿佛与世隔绝般的主妇生活，而罗宾不仅理所当然地不做任何家务，向他要生活费的时候，也开始皱起了眉头。两人的对话越来越少。矛盾终于在一个夜晚爆发，那是源于一道罗宾最爱吃的炒菠菜。可刚吃了几口，就听罗宾哎呀了一声。他呸呸吐了几口之后，才对贝丝嚷道："你怎么洗的菜，里面有沙子，硌了我的牙！"贝丝赶紧解释道："我今天可能洗菜的时候匆忙了点儿，下次注意！"罗宾却不依不饶："你知不知道我最怕吃到沙子啊？你每天班也不用上，全靠我养着，在家都忙什么呢？连菜都洗不干净，你还会干什么？"说完恼怒地拂袖而去。

那一刻，贝丝终于明白，那一粒沙背后掩藏的婚姻危机。

那个夜晚过后，贝丝抛弃了靠别人生活的想法，也放弃了无所事事的生活方式，开始了新的属于自己的日子——读书、充电、交友、择业……半年之后，贝丝重新成为人们眼中一个自信的女人。

又是一个夜晚，贝丝为罗宾做了一道清炒菠菜，而这一次，确实是因为时间紧张，菜洗得不够彻底，罗宾再次被一粒沙子硌了牙，贝丝有些不好意思了："算了，这菜别吃了，下次我一定洗干净点儿！"不料罗宾并未生气，反而安慰贝丝："这有什么，不过一粒沙子嘛，再说你现在也挺忙的，能吃上现成饭我已经心满意足了！"说着，把沙子吐掉，又大口大口地接着吃了起来。

那一刻，贝丝也终于明白，不过一粒沙，在平等与尊重的婚姻里，它就只是一粒沙，而在两个社会地位与经济地位悬殊的人组成的家庭里，却可以成为婚姻问题的导火索。

其实，最美满的婚姻，就应该是这样：男女双方形成一种内在平衡的关系，即双方都拥有各自的人际关系、经济基础、生活空间与事业。既互为依靠，又各自独立，这也是生活的智慧。

很多女人将男人当作是可依可攀的树，她们喜欢像藤一样缠绕和依靠在男人身上。这种女性在心理上缺乏自立、自信，想把头靠在一个宽厚温暖的肩膀上，想有一双有力的胳膊搂紧自己，让自己在波澜不惊的港湾里安闲地栖息。尤其一些长相漂亮的女孩更是娇娇女，事事依赖男人，拿个水杯也要男人递过来，有点小事就哭哭啼啼，躲进男人的怀抱。

很多男人对家的依赖也并不比女人少。这不单指一盆脏衣服需要洗，掉下的纽扣需要缝上，有可口的饭菜与舒适的房间，更多的，是心灵上对女人的依赖。

诚然，爱情的幸福，有一个重要的来源就是“获得一个生活中可以依赖的人”，相爱的两个人在感情和心理上的相互依赖可以加深彼此之间恩爱的程度。但过于依赖就有可能成为对方情感和心理上的包袱，只会使爱情受累。

从表面看，这种依赖，也是爱的一种表现，但实际上却是对爱的一种掠夺和占有。因为正常的依赖是一种相互支撑和心理满足的状态。但爱情中的过度依赖者，却只在乎别人能为自己做什么，却从不考虑自己能为对方付出多少。他们苦思如何获得他人的爱，甚至没有精力去爱别人，如同饥肠辘辘者只想着向别人讨要食物，却不能拿出食物帮助别人。他们寂寞、孤独，永远无法体验到满足感。尤为可怕的是，他们甚至不知自己患上了“依赖症”。他们不能够突破自我界限，其人生价值依赖于同别人的情感关系。或许，他们未必永远自私自利，其动机无非是想牢牢抓住某个人，获得需要的关心和照顾。假如无法达到目的，他们就不会为别人（乃至为自己）做任何事情。所以，这也就不是真正意义上的爱。

因此，如果你们是真心相爱，就不要把对方当成唯一的依靠。指望从别人那里得到依靠，得到快乐，都是不现实的。与其等待别人付出，不如自己主动去付出。这才是对待爱情的积极的态度。只有两个人都抱着这样的态度，去建设自己的感情，感情才最有可能向健康的方向发展。

延伸阅读：测测你依赖另一半的指数有多高

你漂到一个小岛上，直觉小岛上的状况是怎样的？

A．光秃秃的什么都没有。

B．有部落及热闹人群。

C．有搁浅的船只和一些财物。

D．有椰子树及泉水。

答案解析：

A：20%。自强自立的你觉得依赖另一半不如靠自己。这种类型的人自信心非常强，而且会主动去照顾别人、关心别人，他们觉得让家人靠自己反而更有成就感。

B：99%。你不管在任何时段只要跟对方在一起时眼里只有对方，希望自己永远像一个小孩子一样，让另一半永远呵护自己。

C：70%。你在工作上或外表上非常自信而且独立，可是只要在两人世界中马上就变成一个小女人或小男人，希望24小时两个人都可以黏在一起，这种类型的人在人前跟人后落差很大。

D：55%。你已经很独立了，在交往过程中会视对象的状况来决定自己依赖对方的部分。

为爱成长

最好的爱情，是有共同的目标，有朋友般的友谊，有爱情的幻想，有相扶相持的愿望，有同志般的携手。

其实，爱情里还有一个隐性的功能，那就是爱人间的竞争。因为如果一方是紧跟时代的步伐，努力上进，而另一方则默守陈规，这样两人不能同步，差距太大，必然会影响交流，导致感情不合。建立相互勉励、携手共进的相处模式才有利于两个人共同进步，树立高尚的目标，爱情中有困难相互更能理解，这样的爱情才是有活力有激情的爱情。

范尼长相甜美，性格也细腻，就是性格中依赖别人的成分太多了。和埃文初恋的时候，范尼小鸟依人、撒娇装痴，用尽了一切小女人的手段，使埃文爱得如火如荼。不久范尼就和埃文步入了婚姻的殿堂。

结婚后，范尼工作了两年，觉得又累又生气，而这个时候埃文已经升做经理，也有能力独自负担家庭的开支，于是范尼毫不犹豫地选择做了家庭主妇，每天除了化妆、时装、美容、搞笑不断的美剧，就是柴米油盐酱醋茶了，就这样一年过去了，范尼忽然觉得心里越来越没底了。

原来范尼发现不工作的自己和丈夫的话题越来越少，自己除了家里的琐事以外没有别的话题和埃文聊，只能每天睁着好奇的眼睛听丈夫讲外面的世界。最近，范尼对埃文的依恋可以用走火入魔来形容了。和丈夫聊天成了范尼每天最重要的内容，甚至每天都会打五六个电话到埃文的办公室。

更加严重的是，范尼开始怀疑埃文有了外遇，还会时常查看埃文的手机，这让埃文难以忍受。过了没多久，埃文果真有了外遇，他挽着另外一个女人的手对范尼说："我们离婚吧，我爱上了别人，因为你不能和我一起成长。"

婚姻爱情是很美好的东西，但是如果两个人不能一起成长、一起进步的话，再美好的爱情童话也会在眨眼间就灰飞烟灭。范尼犯的最严重的错误就在于此。花前月下、小鸟依人的情怀，固然可以让对方爱上你，却不足以让他永远爱着你。只关心柴米油盐，不关心外部世界的人，是不知道和爱人一起成长的，更不能跟上爱人的脚步。长此以往，不管是和比自己幼小还是比自己强大的人生活，那都不太协调，或者说更累，最终也只能走上分手的道路。只有处于同一心理时段，两人的相处才最自然、最轻松、最平和，爱情最好就是两人发展同步而且是共同进步的。

然而，现在还有许多年轻的男孩女孩们，抱着结婚后就万事大吉的思想，以为爱人对自己的爱会因为一张结婚证而永葆浓郁，自己就可以因此“不思进取”。不过，如果对方在不断进步，而你却始终原地踏步，甚至退步，那你们之间的差距会越来越大，直至变成一条埋葬你们爱情的鸿沟，那么离婚也是迟早的事了。许多情侣走不了很远，或者走得很不顺畅，一个重要的原因就是缺乏共同语言，缺乏同舟共济的生活体验。就像出生入死的战友情深一样，甘苦与共的感情是最经得起考验的，因为“一个人可能会忘记一起笑过的同伴，却不会忘记一起哭过的人”。因此，无论男人女人，如果彼此可以在事业上共同进步，在生活上共享甘苦，才能够加深彼此的感情。

相互勉励，共同进步，这才是爱情！看到对方进步，自己就要努力跟上；同样，你进步的同时也不要把对方抛下。例如，如果你是女人，可以帮助你的男人创造和谐的人际关系。当恋人的朋友到自己家里做客的时候，你能够满脸笑容地接待朋友们，不仅他有面子，他的朋友还会时不时到你们家去做客，久而久之大家的感情就会越来越好。那么，当恋人遇到困难的时候，就知道该向谁求助了，而你也是可以向他的朋友们求助的，别人肯定会为你平时友好的招待而帮助你。如果你是男人，你可以在工作上给予你的女人最大的理解和支持。现代女人是独立的，有自己的工作和事业，但是女人毕竟是柔弱的，如果你能够在事业上帮她一把，那么她工作起来一定就会轻松很多。比如你可以时常询问她在工作上遇到了什么困难，然后帮助她一起解决困难，突破困境，那么，你的恋人在收获事业的时候，必定会投入更大的热情到你们的爱情里。总之，无论是男人还是女人，都需要来自另一半的支持。在对方有困难时帮他（她）一把，在他（她）迷惑时，为他（她）点明事理，这是两个人在爱情中都要学会的。

另外，还要特别注意的一点是，双方在共同努力共同进步的时候，对方向的把握也是至关重要的。你可以这样想象一下，两个人即使是没什么大的能力，但只要他们在生活中心往一处想，劲往一处使，那么他们的爱情之车还是会稳步向前。而那些非常有本事，但生活目标截然不同的男女结合在一起，越是能干，给对方造成的阻碍和伤痛越大，他们的感情越是有被撕裂的可能。相对而行与相向而行，一字之差却谬以千里。确立一个大家都能接受的共同目标，这也是创造幸福生活的关键。

延伸阅读：女人“三”字经

1. 不要当三瓶女人：年轻时是花瓶，中年时是醋瓶，老年时是药瓶。
2. 不要做三转女人：围着锅台转，围着老公转，围着孩子转。
3. 做三独立女人：思想独立，能力独立，经济独立。
4. 做三养女人：修养，涵养，保养。
5. 做三力女人：美丽，能力，魅力。

谢谢——这很重要

没有任何一件事情是该被看作是应该的，真正相爱的人应该是彼此善待对方的。谢谢你的爱人，这是你们相爱的第一步。

在西方世界，每年的感恩节这天，人们会放下一切的忙碌，和自己的家人团聚，感谢上苍赐予自己美好的生活，寻求支撑自己继续努力的力量。不得不说，感恩就是一种积极向上的精神，是一个人快乐的源泉。内心深处常常存有感恩之情，就会拥有一种人性光辉的纯美，保持一种向上的人生姿态，有一份积极乐观的心灵追求。不管你现在的处境如何糟糕，学会感恩生活给予你的，会重新发现生活的美好之处。

然而，很多人可以对世上其他一切事物感恩，唯独对于自己熟悉的人态度随便，觉得对方对自己的付出是理所当然之事，丝毫没有心存感谢之意。对养育自己长大的父母如此，对包容自己无理傲慢的手足、朋友也是如此，对付出自己全部的爱与人生的恋人，又何尝不是如此？生活中，许多情侣、夫妻之所以走上分离，就是起因于太过习惯彼此的付出，不懂得感谢对方，把对方对自己的好与爱当作理所当然。

有一个女人整日忙于工作，她丈夫一直默默站在她背后支持她的事业，甚至放弃了晋升的机会。她回来晚的时候，他做好宵夜等她；每天早上他总是做好了早饭才叫醒她……而她似乎也习惯了，日子一天天过去，一切看上去好像天经地义似的。实质上，丈夫是苦恼的，他不确定她是不是爱他，他想到离婚，只是还没有想好怎么跟她说。

恰在这期间，女人读了一本关于感恩的书，突然间意识到自己该用全身心的爱去感谢丈夫为她默默付出了那么多。这一天，回到家后，她第一次做了一顿丰盛的晚餐。丈夫回来后，感到很吃惊。吃过饭后，她也第一次没有去电脑前工作，而是与丈夫说了这样的话：“我有今天的成就，都是因为有你。我感谢你的支持，感谢你的爱。我知道，你是最好的丈夫。这些年，我一直坦然地接受你的爱，但总是不好意思表达，我希望你知道，你是我最爱的人。如果有来生，我一定还会嫁给你，你是我最爱的人……”

丈夫听了之后，非常感动，他紧紧地拥住了妻子，他知道，她还是爱他的。他在想：明天一早，我就把办公桌里的离婚协议书烧掉。女人也在想，以后我一定对丈夫所有好的地方加以欣赏与赞美，对丈夫的帮助表示感谢！

这世间没有任何事情是理所当然的。两个陌生的人相遇，将自己一生的幸福交托给另外一个人，是一个慎重而美好的承诺，值得用一生去守护这个承诺，甘苦与共。心存感谢地相处，心存感谢地沟通，心存感谢地去爱、关心与付出，爱情自然会长长久久。

现实生活中，很多一开始十分相爱的人，最后落得劳燕分飞的下场，很大程度上就是由于他们缺少感恩之心。

因为很多时候，两个人并非是只要有爱就能天长地久的。其实，爱也是有时间段的。也许在某个时间段，两个人产生了交集并互相爱着对方。但是这个时间段一旦过去，很多人都会觉得当初我怎么爱上一个这样多毛病的人呢。那么，如何才能将这个相交的时间段延长到天长地久，并将其加硬加粗，经得起风吹雨打，并能扭紧相依为命在一起，这是两个相爱的人都应该思考的问题。

答案就是：每一个人都要学会任何时候不忘对爱人感恩，即使只是生活中极不起眼的锁碎事情。例如：当你工作不顺时，爱人给你一个关切的问候，或者给你一个自己解决问题的空间，这时要感恩对方；当你开心时，爱人会给你一个开心的笑容和拥抱，或者当你不开心时，爱人会静静地站在你身边，默默为你祈祷，这时要感恩对方；当你回到家时，爱人已经将热腾腾的可口饭菜准备好了，这时要感恩对方；当你遇到困难时，爱人会是你最信任和最支持你的人，这时更要感恩对方；当你得病时，爱人一直陪伴在你的左右；当你口渴时，爱人会把你最爱喝的饮料端在你的眼前；当你的衣服皱了时，爱人会用熨斗将衣服烫平；当你肩膀或脚疼时，爱人会为你轻轻地揉揉疼痛的肩膀或脚；当你睡着时，爱人会为你盖上被子怕你着凉，这些时候都要感恩对方；当你做错事时，爱人会像一位家长负责任地指出错误，你需要感恩对方；当你烦燥不堪时，爱人会用耐心来安定你内心的不安，你也应该感恩对方；又或者仅仅是当你回家晚时，爱人永远为你留一盏不熄的灯，你同样需要感恩对方……只要有了感恩，相信你们爱的时间段会越来越长。

有人说，前生的500次回头，才能换来今生的聚首。人生，就是一个不断结缘、借缘和续缘的过程，结下了善缘，同时还要珍惜这来之不易的缘分。按照佛的说法“百年修得同船渡，千年修得共枕眠”，用这个概率来计算，地球上有60亿人，能成为爱人的只有几十亿分之一的概率，就算每分钟擦肩而过一个人，人生又能有多少分钟呢？这么难得的缘分，我们怎能不好好珍惜？怎能不抱着感恩之心来响应恋人的爱？

总之，学会感恩，对于爱人为自己所做的每一件事情，都不要吝啬你的感激之言。当每个人都怀着一颗感恩的心爱着对方时，你就会发现，身边幸运的事情和幸福的感觉，会越来越多，爱情之路肯定能够走得圆满坦荡。

延伸阅读：教你把谢谢说得多姿多彩

以英文为例，除了我们熟知的“Thanks”“Thank you”之外，还有下面几种不错的感谢语：

1. 热情洋溢的“谢谢”

I really appreciate it. 我很感谢。

You're one in a million. 你真是个大好人。

You're the greatest. 你最棒了。

2. 称赞对方功劳的“谢谢”

Thanks to you (we made it on time.) 都要多谢你（我们才能准时完成）。

I couldn't have done it without you. 若是没有你，我不可能做到。

3. 非常正式的“谢谢”

I'm truly grateful for your help. 我非常感激你的帮助。

Your help is greatly appreciated. 非常感激您的帮助。

I'd like to express my gratitude. 我要表达我诚挚的谢意。

七、不悔
——凡能假如的，必是充满了遗憾的

人生只有一次，我们应该无怨无悔地度过，应该努力为自己垂暮之年留下更多值得骄傲的回忆，而不是在风烛残年之际依然慨叹当初的年少轻狂。

不犹豫，不后悔

自古以来世界上最大的窃贼就是犹豫，直到现在仍然是它！

“我当时真应该那么做，却没有那么做。”这也许是天下最可悲的一句话，它出自那些痛失改变命运机遇、与财富、成功和幸福失之交臂的人之口。如今，类似的话还是经常能听到：“如果我当年就开始那笔生意，早就发财啦！”“我早就料到了，我好后悔当时没有做。”说这些话的人，在追悔莫及的同时，都无一例外地得到了一个终生难忘的教训：不犹豫，不后悔。

也许很多人会提出疑问：可是，一直以来，我们所接受的教育不就是大思想家孔子的“三思而后行”吗？

不错，一个人在做某个决定的时候，权衡一下事物的利弊，以做出有利于自己的选择，这种做法无可厚非。但是别忘了，中国还有句老话叫“当断不断，反受其乱”。如果你太瞻前顾后、优柔寡断，则只会让机遇白白流失掉。

印度有一位知名的哲学家，天生一股特殊的文人气质，不知迷死了多少女人。

有一天，一个女子对他说：“让我做你的妻子吧！错过我，你将再也找不到比我更爱你的女人了！”哲学家十分中意她，不过他那一贯研究学问的头脑却让他决定再考虑考虑。

接下来，哲学家将结婚和不结婚的好处与坏处分别列出来，发现好与坏均等，真不知该如何抉择。于是，他陷入长期的苦恼之中，无论他找出了什么新的理由，都只是增加选择的困难。

最后，他得出一个结论：人若在面临抉择而无法取舍的时候，应该选择自己尚未经验过的那一个。不结婚的处境自己是清楚的，但结婚会是怎样的情况自己还不知道。对！自己该答应那个女人的要求。

于是，哲学家来到女人的家中，对她的父亲说："请告诉您的女儿，我决定娶她为妻！"

女人的父亲冷漠地回答道："你来晚了10年，我女儿现在已经是3个孩子的妈了！"

哲学家听了，整个人几乎崩溃。他万万没有想到，向来自以为傲的哲学头脑，最后换来的竟然是一场悔恨！在之后的两年中，哲学家抑郁成疾。临死时，他将所有的著作丢入火堆，只留下一段对人生的批注：如果将人生一分为二，前半段的人生哲学是"不犹豫"，后半段的人生哲学是"不后悔"。

在你要决定做某一件事情以前，你固然应该将那件事情的各方面都顾及到；你固然应该将那件事郑重考虑；在下断语以前，你固然应该运用你的全部经验与理智为你指导；但是一经决定之后，你就应当让那个决定成为最后的！不应再有所反顾，不应再重新考虑。正如这个哲学家，本来双方都很中意，可以结合成为一个幸福的家庭，就是因为他过于犹豫，结果换来一场悔恨。

其实，人的本质都是贪心的，在面临选择的时候，总是"鱼我所欲也，熊掌亦我所欲也……"然而在现实生活中，更多的时候是鱼和熊掌无法兼得，我们只能在某一时刻选择一样东西。这时，很多人，尤其是一些涉世未深、缺乏社会经验的人，就开始表现得患得患失、优柔寡断，担心自己的决定会带来损失，不愿做决定，等到必须做决定的时候，就尽量往后拖，甚至刚做出决定就马上反悔，到头来只落得个两头空的结局。

可是，为什么有这么多的年轻人办事易反反复复、优柔寡断呢？

究其原因，父母难辞其咎。一种情况是从小就在备受溺爱的家庭中长大的人，过着"衣来伸手，饭来张口"的现成生活，父母、兄弟姐妹是其拐杖。这种人一旦独自走上社会，办事就易出现优柔寡断现象。另一种情况则是家庭从小管束太严，这种教育方式教出来的人只能循规蹈矩，不敢越雷池一步。一旦情况发生变化，他们就担心不合要求，在动机上徘徊，拿不定主意。

不过，我们既然已经知道优柔寡断的弱点了，就应该也必须尽早克服这一坏习惯。宁可让自己因果敢的决断而犯下一千次错误，也不要姑息自己一次的优柔寡断而遗憾终生。

首先，丰富自己的知识经验。心理学认为，人的决策水平与其所具有的知识经验有很大的关系。一个人的知识经验越丰富，其决策水平就越高，反之则越低。这也就是俗话所说的“有胆有识，有识有胆”。

其次，“凡事预则立，不预则废”。平时经常开动脑筋，勤学多思也是关键时刻有主见的前提和基础。

再次，排除外界干扰和暗示，稳定情绪，由此及彼、由表及里仔细分析有助于培养果断的意志。其实，很多时候犹豫只是来自自己的想象，只要有坚强的意志力便能将之克服。

最后，你要牢记，对自己绝不可放纵，你应正视自己的问题，从正面去尝试解决。譬如你为了加薪问题想找上司谈谈，但因心生胆怯，事情一拖再拖，一直无法解决。建议你不妨一鼓作气走到上司面前，开门见山地要求加薪，相信结果一定比你想象的还好。

决断的力量是一切力量中最重要的。世界上，很多东西都是经不起一再地错过与等待的，应该全力进取时，你需要当仁不让；应该有所放弃时，你也不必过于执拗。假使你一生没有决断的习惯或能力，那么，你的一生，将如一叶海中飘荡的孤舟，将时刻刻都在暴风猛浪的袭击中永远飘泊不定，永远不能靠岸。

延伸阅读：走出选择障碍的两个小方法

1.“瞎选”法：当你面临选择困难时，可以尝试着让自己只选择其中一项，不论对错，也不去考虑更多，坚定这一选择。当选择完成后，告诉自己不要后悔，也不要去做什么对比，相信自己的选择是最好的。这事实上是一种正面的心理暗示，你可以通过不断重复这样的心理暗示，来逐渐走出选择障碍的阴影。

2. 对比法：即采用对比优劣的方式来帮助自己进行选择，比方说在选择的过程中，当你感到比较困难而不知如何抉择的时候，可以给自己列一个对比表，一边列出做这个选择的 10 项优点，在另一边列出不做这个选择的 10 项缺点，两相对照，可以帮助自己更加清晰地看到自己选择的结果，从而帮助自己做决定。

让过去过去

最好的人，都是犯过错误的过来人；一个人往往因为有一点小小的缺点，而将来变得更好。

人活一世，谁都想让自己所做的每一件事完全正确，谁都想让此生了无遗憾，可这只能是一种美好的幻想。雨果曾说：“尽可能少犯错误，这是人的准则。不犯错误，那是天使的梦想。”事实上，我们每个人都不可避免地会犯错。可以说人从小到大，从大到老，就是在不断犯错误，不断改正错误的过程中成长、成熟起来的。

然而，在犯错、失败之后，许多人总会一遍一遍责备自己的选择或过失，一遍一遍地对自己说：“如果当初我好好学习，现在就能找一个更好的工作了”“如果当初我没有选择这家公司，而是去那家公司上班就好了”“如果我平时多学点东西，现在也许早就当上主管了，也就不用应对这些破事了，更不用承担责任了”“如果我当初小心一些，就不可能产生这种后果，哎，都怪自己太粗心”……其实，这时的懊悔情绪无可厚非，学会反省也是必要的。这可以让我们从中总结失败的原因，以免以后犯同样的错误。不过，如果总是把“如果……”挂在嘴边，则成了不思进取，它会让人沉溺于失败之中，在自我责备中沉沦，从而对前途产生怀疑，进而影响到做事的热情。这，就真正是蠢人之举了。

事实上，“如果……”对问题的解决没有任何意义，它不能改变既成的事实，却使我们面对着错误的方面——向后退而不是向前进，只是浪费时间，而且它也很可能成为我们不再去努力的借口。所以，犯了错误后或面对困境的时候，我们不应沉溺于懊悔中，而要学会从错误和失败中寻找光明。只要以正确的态度对待错误，错误不仅不会成为我们发展的障碍，反而会成为我们前进的推动器，促进我们更快地成长。

1998年，电视厨师吉米在BBC刚露面的时候，还是个可爱帅气的大男孩。他把烧菜变成了一种生活艺术，成了能让年轻人放弃垃圾食品的楷模，而且他出的书，还成了人们生日和圣诞节的最好礼物。以至于当时有媒体称“整个英国都为他疯狂了”。甚至在1999年，首相布莱尔宴请意大利总理时，还特地请他到唐宁街去烧正宗的意大利菜。

然而，仅仅过了两年，他竟然成了全英最让人嫌弃的名人。就如他当年一夜之间成名一样，他的名气也在一夜之间变臭。

原来，吉米把从媒体那里赚来的名声当成了自己的赚钱机器。不仅他本人做了一家超市集团的广告明星，而且他居然还把他的妻子和朋友都拉扯到电视广告中，这让媒体和公众极其反感、厌恶。虽然他的菜谱还受人欢迎，但是报纸再提到他时，已是嘘声一片。

吉米对自己的“失宠”颇感冤枉，不过他并没有在人们的批评指责声中灰心丧气，破罐子破摔。相反，冷静下来的吉米，从人们的批评指责声中，重新找到了让自己受到人们欢迎的“法宝”，这就是：一个人做人必须有社会责任感，必须无私地让自己的智慧与能力发挥更大的作用。

于是他用自己的房产作抵押找银行贷款，凑了135万英镑，建立了一家餐馆烹饪学校。他专门从吃救济金的人中挑选了15名年轻人来培养。而这些学徒向来就是逃学捣蛋、惹是生非的主儿，但不管怎样艰难，餐馆总算按时开业了，而且15位学徒中有12位坚持到底——居然真的都成了地地道道的让人刮目相看的顶尖厨师。

就这样，从批评者到一般公众，大家都为吉米的成功而心头发热，又重新把最热情的赞美和最热烈的掌声献给了他。

可见，错误既可以成为埋葬一切的坟墓，也可以成为“而今迈步从头越”的起点。与其把时间用在后悔上，不如把时间用在总结经验、再接再厉的奋斗上，以弥补自己曾经犯下的错误，这才是一种对自己人生负责任的态度。

尤其是年轻人，如果总是背着沉重的懊悔包袱，只会白白耗费眼前的大好时光，那也就等于放弃了当下和未来。哲学家说，世上有三种人，一种是敏锐的，在每一种现象发生的时候，这种人都能马上做出正确的反应，来适应种种变化，因此他们很少犯错误，也很少有追悔和遗憾。另一种人是非常迟钝的，遇到任何一种现象和变化，都不知不觉，只顾埋头走自己的路，尽管一生错过无数机缘，也不会察觉到自己的错误，因此也不会有追悔和遗憾。但我们大多数人既不是圣人——都会犯各种各样的错误，也不是愚人——学不会超脱的智慧，因此我们唯一能做的就是在自己开始后悔的时候，让自己明白，后悔是无济于事的，尽量让自己花在追悔上的时间少一些。

泰戈尔曾在诗中写道：“如果你为没有看到朝阳而流泪，你就会失去看到星星的机会。”其实我们不能避免错误，却能缩小它的影响。对于成功来说，对待错误有用的是反省，而不是后悔。我们即使不能做到及时反省，也要做到不后悔，重新振作起来，继续努力。

正如一位名人所说：“逆境中要记住自强不息，要把坎坷和困难变成前进的动力，千万不要让它成为背上的大石头。”如果你现在正在为曾经的错误或失败懊悔不已，请赶快放下这个负担，尽快调整心态，克服自卑心理，并逐步恢复自信，继而自强不息，这样才能让过去真正成为过去，让未来辉煌到来。

延伸阅读："后悔药"

从心理学的角度来讲，你的认知方式决定了你的情绪感受。因此，如果你能改变自己的认知角度，从事件中找到一些积极的片段，就会让自己从后悔中解脱出来，甚至会发现事件的积极意义，生活得更有信心。下面是几条可以让自己不后悔或者减少后悔的小方法：

1. 积极行动。将满腔悔意转化为积极的行动力，淡泊后悔的意识。

2. 转移注意。分散、发泄注意力，把眼光转移到别处，就能减少感觉后悔的时间。

3. 换个角度。找到事物积极的一面，接纳结果。永远向前看，生活总是充满希望。

4. 时间治疗。相信时间会带走一切不好的，带来一切美好的。

5. 捂住耳朵。找到适合自己的生活模式。走自己的路，让别人说去吧。

6. 最坏打算。有了最坏的打算，什么结果都是可以接受的了。

梦想的脚须落地

生活中最大的成功者并不是那些嘴上说得天花乱坠的人，也不是那些把一切都设想得极美妙的人，而是那些脚踏实地去干的人。

有这样一群年轻人：他们无论到哪里都认为自己是"天之骄子"，处处"指点江山，激扬文字"，无论干什么事都是说起来"风风火火""慷慨激昂"的，但是具体到行动上呢？却每每"虎头蛇尾""轰轰烈烈"没几日也就“偃旗息鼓”了。为什么会这样？

原因就在于他们对自己的定位太高，眼光太高，却缺少脚踏实地的精神。年轻人好高骛远往往是被自己崇高的理想所误导，觉得自己有多么大的志向，一定要做成怎样经天纬地的大事业，一定要每天轰轰烈烈地做事。因此，对那些平凡的工作不肯也不屑于去做。其实他们不懂得，梦想只有在脚踏实地的工作中才能实现。志当存高远，虽然没有错，但高远的志向必须和实际的行动结合起来。要做成大事，就要脚踏实地地从做好小事情入手。

马萨诸塞州的乡下，有一个热爱诗歌的小伙子，他从7岁起就开始进行诗歌创作，但由于地处偏僻，一直得不到名师的指点。

这一年的夏天，小伙子千里迢迢来登门拜访年事已高的爱默生，以寻求文学上的指导。爱默生见这位青年诗人虽然出身贫寒，但谈吐优雅，气度不凡，因此对他非常欣赏，决定凭借自己在文学界的影响大力提携他。爱默生将青年诗人留下的诗稿推荐给了文学刊物发表，但反响不大。他希望这位青年诗人继续将自己的作品寄给他。于是，老少两位诗人开始了频繁的书信来往。

信中，青年诗人用长达几页的文字大谈特谈文学问题，激情洋溢，才思敏捷，表明他的确是个天才诗人。爱默生对他的才华大为赞赏，在与友人的交谈中经常提起这位诗人。青年诗人很快就在文坛有了一点小小的名气。但是，这位青年诗人以后再也没有给爱默生寄诗稿来，信却越写越长，奇思异想层出不穷，言语中开始以著名诗人自居，语气越来越傲慢。爱默生开始感到了不安。

秋天到了。爱默生去信邀请这位青年诗人前来参加一个文学聚会。他如期而至，并且大出风头。他逢人便谈他的伟大作品，表现得才华横溢，锋芒咄咄逼人。而几乎每个人也都认为这位年轻人必将成大器。否则，大作家爱默生能如此欣赏他吗？

利用这次机会，爱默生也认真询问了年轻人的想法：“后来为什么不给我寄稿子了？”“我在写一部长篇史诗。”“你的抒情诗写得很出色，为什么要中断呢？”“要成为一个大诗人就必须写长篇史诗，小打小闹是毫无意义的。”“你认为你以前的那些作品都是小打小闹吗？”“是的，我是个大诗人，我必须写大作品。”“也许你是对的。你是个很有才华的人，我希望能尽早读到你的大作品。”“谢谢，我已经完成了一部，很快就会公之于世。”

之后，青年诗人继续给爱默生写信，只不过，信越写越短，语气也越来越沮丧，而且也从不提起他的大作品。

转眼间，冬天到了。他终于承认，长时间以来他什么都没写。以前所谓的大作品根本就是子虚乌有之事，完全是他的空想。他在信中写道："很久以来我就渴望成为一个大作家，周围所有的人都认为我是个有才华有前途的人，我自己也这么认为。我曾经写过一些诗，并有幸获得了阁下您的赞赏，我深感荣幸。使我深感苦恼的是，自此以后，我再也写不出任何东西了。不知为什么，每当面对稿纸时，我的脑中便一片空白。我认为自己是个大诗人，必须写出大作品。在想象中，我感觉自己和历史上的大诗人是并驾齐驱的，包括和尊贵的阁下您。在现实中，我对自己深感鄙弃，因为我浪费了自己的才华，再也写不出作品了。而在想象中，我是个大诗人，我已经写出了传世之作，已经登上了诗歌的王位。尊贵的阁下，请您原谅我这个狂妄无知的乡下小子……”

从此后，爱默生再也没有收到这位青年诗人的来信。

有做大事的抱负，固然是好事。但是，如果只想做大事，不屑于做小事，那不见得是一件什么好事。

现实生活中，许多有抱负的年轻人也和这个青年诗人一样，忽略了积少成多的道理，只想一鸣惊人，而不去做埋头耕耘的工作。等到忽然有一天，他看见比自己开始晚的，比自己天资差的，都已经有了可观的收获，才惊觉自己在这片园地上还是一无所有。这时他才明白，不是上天没有给他机会，而是他一心只等待丰收，却忘了辛勤耕耘。

中国有句古话："一屋不扫，何以扫天下？"它出自一个这样的典故。东汉时有一少年名叫陈蕃，自命不凡，一心只想干大事业。一天，其友薛勤来访，见他独居的院内龌龊不堪，便对他说："孺子何不洒扫以待宾客？"他答道："大丈夫处世，当扫天下，安事一屋？"薛勤当即反问道："一屋不扫，何以扫天下？"陈蕃无言以对。一个连自己的房间都打扫不干净的人，如何打扫天下？同样，一个连小事都做不好的人，又怎能做成大事呢？所以，我们奉劝那些刚刚步入社会的年轻人，一定要认真对待工作中的每一件小事。很多时候，只有脚踏实地地把小事做好了、做到位了，才会谋取更大的发展。

谁没有年轻过？谁没有空想过？谁没有幻想过？想入非非，也许正是青春的标志。但同时，你别忘了，空谈而不落实，再完美的战略、再滴水不漏的计划、再绝妙的招数也只能成为华而不实的空中楼阁。天地如此广阔，世界如此美好，等待我们的不仅仅是需要一对幻想的翅膀，更需要一双踏踏实实的脚！

延伸阅读：理想与空想的区别

"理想"和"空想"，都是说一个人心怀梦想，一字之差，却形容的是完全不同的两种人。

有"理想"的人，会抛开一切世俗，尽自己最大的努力去克服一个又一个困难，一步一个脚印，直到达到自己心中的圣地。

而"空想"的人呢？往往是"懒惰""不上进"的人的代名词。这种人，一天到晚只会痴人说梦，幻想着有什么天大喜事降临，天上有馅饼掉下来砸中自己，总想不费半点力气就能在学习和事业上取得大的成就。

自然，他们的结局也是完全不同的：所有想法对于那种拥有"理想"的人来说都是可行的，因此他们必定会有所成就；但对"空想之人"来说就是不切实际，因为他们不想劳动，却一心想获得大丰收——这怎么可能实现自己的梦想呢？自然只有失败的份儿。

所以说，人，不光要有梦想，有目标，更重要的是要有行动。只有这样，才不至于变"理想"为"空想"，变"成功"为"失败"！让我们来做有理想的人吧，不去做空有一张嘴、空有一个梦的"空想"之人！

你的生命不要被别人保证

谁要是游戏人生，谁就一事无成；谁要是不能主宰自己，谁就永远是一个奴隶。

生命中最重要的东西是什么？

是感觉，是一种对生命的感觉。而且，这种感觉，你只能自己去体验。如果由别人来代替你去体验生命，或者压抑你的体验，干涉你的体验，左右你的体验，控制你的体验，甚至剥夺你的体验。这样的生活形同监禁，你也就失去了活着的意义。

人本来就该为自己而活，只有你才是自己人生的主角。

台湾著名作家林清玄被一家知名媒体采访，他讲到自己的人生体会时，突然讲起童年的一件小事，他说：

“小时候，我在一次历史考试中得了第一名，我的老师特意送我一册世界地图作为奖励，他说希望我长大以后可以周游世界。我很高兴，带着那本地图册就回家了。那时我家里很穷，我妈妈还生病了，所以家里的饭菜都是由我来做的。那天，回到家以后，我一边烧水，一边在火炉旁边看埃及的地图……

“正当我看得入神的时候，爸爸突然跑过来‘啪、啪’给了我两个耳光。‘看什么埃及地图！火都熄了，没看到吗？’打完后，他还踢了我一脚，然后用很严肃很愤怒的表情跟我讲：‘我保证，你这辈子都不可能到那么遥远的地方去！赶快生火！’

“我当时看着我爸爸，简直不敢相信，爸爸怎么会给我这么奇怪的保证？我一生真的不可能去埃及吗？我根本不相信有什么不可能的，我还要周游世界呢。

“所以，我一直刻苦学习，终于考进了一所大学的历史系。20 年后，我第一次出国去的地方就是埃及，我的朋友都问我：‘为什么一定要选择埃及？’我说：‘因为我的生命不要被保证，所以我要去埃及。’我一个人到埃及旅行了三个月。有一天，我到了金字塔，就在金字塔下写信给我爸爸：‘亲爱的爸爸，记得小时候你曾经打了我两巴掌，踢了我一脚，保证我这辈子绝对不可能来到这么远的地方。现在我就坐在埃及的金字塔下面给你写信。’看着夕阳，看着夕阳前面的骆驼，我的眼泪就止不住地流下来。后来我听母亲的转述，父亲收到信后说：‘这是那两巴掌打的，两巴掌打到埃及去了。’”

“我的生命不要被别人保证！”这是一种多么催人奋进的自信啊！能主宰自己命运的人，心中永远有一片理想的天地，他们不会让别人一丝一毫地侵占，他们永远知道，自己才是自己真正的主人，也只有自己才能把握自己的命运。

纵观历史，我们也会发现，那些优秀的人，正是可以在被人嘲笑、讥笑、质疑和误解中坚守自己的人。例如：美国职业足球教练文斯·伦巴迪当年曾被批评“对足球只懂皮毛，缺乏斗志”；哲学家苏格拉底曾被人贬为“让青年堕落的腐败者”；贝多芬学拉小提琴时，技术并不高明，他宁可拉他自己作的曲子，也不肯做技巧上的改善，他的老师说他绝不是当作曲家的料；歌剧演员卡罗素美妙的歌声享誉全球，但当初他的父母希望他能当工程师，而他的老师则说他那副嗓子是不能唱歌的；牛顿在小学的成绩一团糟，曾被老师和同学称为“呆子”；《战争与和平》的作者托尔斯泰大学时因成绩太差而被劝退学，老师认为他：“既没读书的头脑，又缺乏学习的兴趣。”……如果这些人不尽力唱出自己的声音，而是被别人的评论所左右，怎么能取得举世瞩目的成绩呢？

然而，现代社会却有很多人，尤其是心智尚未达到真正成熟的年轻人，正在他人的声音中失去自己。他们或是对自己的东西缺乏应有的信心，害怕自己的是错误的，因而当碰到一些人的反对或疑义的时候，往往不能够坚持自我而丢失个性；又或是因为太过在意他人的看法，为了得到更多人的支持或喜爱，或为营造良好的人际关系，或为其他什么目的，而逐渐丧失自己的个性，盲目追随及迎合他人，并以他人的观点来看待问题或行事。有些人则盲目跟随潮流，认为大多数人喜欢的就是好的，而不考虑是不是适合自己。

为别人而放弃自己的个性以及追求，并且逐渐沦为平庸，这实在是一种人生的悲哀。19 世纪美国最伟大的浪漫主义诗人朗费罗曾经说过："我们根据自己认为能做到的事，来判断自己的能力；别人则根据我们已做的事，判断我们的能力。"也许你的家人、同事、领导会说你的能力就那样，其实他们并不了解你。所以，我们不应该由别人、社会来规划我们的生话，别人往往会错估我们的生活，我们要自己规划自己的生活，自己去寻找发挥自己才能的机会，去寻找激发自己潜能的场所。

如果你想做一个积极主动、对自己负责的人，那么，就请你立即行动起来，并按照以下几点严格要求自己：

第一，以一整天时间，倾听自己以及周围人们的话语，注意是否有"但愿""我办不到"或"我不得不"等字眼出现。

第二，依据过去的经验，设想一下，自己近期内是否会遭遇一些令人退缩逃避的情况？这种情况处在你自己的影响范围之内吗？你应该如何本着积极主动的原则加以应对？请在脑海中一一模拟。

第三，从工作或日常生活中，找出一个令你备感挫折的事情。想一想，它属于哪一类，是可以直接控制的事情，还是可以间接控制的事情，抑或根本无法控制的事情？然后在自己的影响范围内寻找解决方案并付诸行动。

第四，锻炼自己积极主动的意识。在 30 天内，专注于自己影响范围内的事物，对自己许下承诺，并予以兑现；做一支照亮他人的蜡烛，而非评判对错的法官；以身作则，不要只顾批评；解决问题，不要制造问题；不必怪罪别人或为自己文过饰非，不怨天，不尤人；别活在父母、同事或社会的荫庇之下，善用天赋的独立意志，为自己的行为与幸福负责。试行积极主动的 30 天训练法，观察一下，自己的影响范围在训练之后是否有所变化？

总之，在生活道路上，你必须善于做出抉择，不要总是让别人推着走，不要总是听凭他人摆布，而要勇于驾驭自己的命运，调控自己的情感，做自我的主宰，做命运的主人。

延伸阅读：如何在质疑声中坚持自我？

1. 加强自控。坚持自我就是加强自控，也许你会发现自己的心怦怦直跳，双手也在发抖，但是不要让自己失控，因为只有这样才能更好地坚持自己。

2. 强调自我。强调自我是坚持自我的真正本质，做到这点你就能清楚地表达自己的愿望和期待，同时还不必把对方置于敌对的立场上。比如，你可以采用“我想”“我觉得”“我愿意”等句式来表达自己的意愿。

3. 尊重质疑。坚定地说出自己的观点，但也不要忽视对方的观点中有价值的因素。做好倾听以及尊重其他见解的准备，乐于对任何有道理的观点表示赞同，但对那些仍然令你无法接受的观点也不要争论不休。

4. 避免误区。坚持自我不是盛气凌人。学会辨认坚持自我和盛气凌人之间的区别，不要把盛气凌人当成坚持自我。把精力集中在使你产生挫折感的事情上，而不是某个人身上。

换个地方打井

当你执着于在一个地方打井的时候，却不知甘甜的泉水就在你的身后。有时，为探寻真正的人生甘泉，我们需要勇敢地换个地方“打井”。

在人生的赛场上，大家从出生的那一天开始，都是一无所有来到这个世界，但后来每个人的结局却有所不同。有的人功成名就、飞黄腾达，而有的人却默默无闻、穷困潦倒……

我们可以抱怨一切，可以找出大堆的理由，说明自己是多么的不幸和无辜，但这只不过是弱者逃避改变却又怕被人看不起而用来粉饰的借口。事实上，你今天的生活就是你过去耕耘的结果。假如你想改变生活，就像农人用不同的种子会长出不同的果实一样，你必须植入不同的思想与行动，才能获得不同的结果。

第一位黑人女国务卿康多莉扎·赖斯的亲身经历就为我们提供了一个很好的范例。

那时候，赖斯还只是一个普通的美国小女孩，她梦想成为一名职业钢琴家。16 岁那年，她考入了丹佛大学音乐学院，对自己的钢琴家之路充满了信心。然而，就在当年夏天，她却放弃了这一梦想。因为在著名的阿斯本音乐节上，她遇到了有生以来最残酷的竞争和打击。一些刚刚 11 岁的孩子，只看一眼就能演奏她要练上一年才能弹好的曲子。这让一向颇为自负的她感觉到了现实与梦想的巨大差距。

这次的经历让赖斯的心中像是堵了一块巨石。不过好在不久她就发现了新的目标——“国际政治概况”课程。而她的导师也认为她是这一领域难得的千里马，因此倾其所能地指导她，将她引向了国际关系和苏联政治学领域。

正是这一正确的转变，让赖斯取得了巨大的成功：19 岁时，她便获得了政治学学士学位。26 岁时，她获得博士学位，由于精通 4 门语言，她很快成为了斯坦福大学的助教，专攻苏联军事事务。33 岁时，她已经成为一名杰出的教授。1987 年，在一次晚宴上，她简短而有特色的致辞引起了时任国家安全事务助理的布伦特·斯考克罗夫特的注意。从此她在政界青云直上，直至成为美国历史上第一位黑人女国务卿！

古语有“锲而不舍，金石可镂”之说，世人也将其推崇为成才之道。确实，当我们设定好一个目标之后需要执着的精神，但也要知道，做事同样需要有灵活的变通能力。如果一个人的努力方向错了，那么越执着就会错得越离谱，人生无异于南辕北辙，青春和汗水只能被浪费。

创新思维之父德·波诺在形容纵向思考与平面思维的不同时，提出过这样一个理论，他说："在一个地方打井，老打不出水来。具有纵向思考方式的人，只会嫌自己打得不够努力，而增加努力程度。而具有横向思维方式的人，则考虑很可能是选择打井的地方不对，或者此处根本就没有水，所以与其在一个地方努力，不如另外寻找一个更容易出水的地方打井。"其实，这个比喻用来提醒那些不知变通的人是恰到好处。在一个一直不出水的地方，坚持不懈地"打井"，其实就是愚蠢的浪费。如果你能放弃这个固定的思路，进行多元化的思考，比如考虑是不是目标定立错误，又或者是努力的方向偏差，那么就会让自己去一个更容易出水的地方"打井"。

我们生活的最终目的，应该是为了欣赏山顶绮丽的风光，为了享受河边美丽的风景。因此，当我们为了实现这个目标，在所选择的道路上摔得遍体鳞伤、磕得头破血流，还不能看到希望的时候，实在没有必要固执地坚持了，应该果断地退出，选择新的道路前行。

其实，人生的真正意义就在于不断改变自己、不断提升自己的过程之中。世界上许多有所成就的人，一方面是因为基础好，而另一方面就是因为他们勇敢地"换了个地方打井"，并最终找到了适合自身发展的道路。例如，肖伯纳小的时候，花了很大的精力来学画画，但是效果不佳，在一次偶然的机会，他在戏剧艺术上的智慧爆发出来了，并最终使他在这个领域得到了充分的发展；钢琴大师茅为惠博士也没有继承爷爷——桥梁专家茅以升的事业，而是凭借3岁时就表现出的音乐天赋，让父母放弃了原来的想法，在音乐方面对她进行培养，最终成就了一代钢琴大师。

不过，改变自己、告别过去，不是挥挥手就可以实现的，这需要有坚强的意志和毅力，同时需要有科学的方法和走向成功的决心。改变自己，首先要在观念上进行改变。人本身就是自己观念的产物，有什么样的观念就会有什么样的命运。其次，改变自己要付诸行动。行动才能造就人，人的命运就是行动的结果。观念只有付诸行动，才能最终成为现实。

我们每个人的青春都是有限的，在这最美好的时光里，有很多事情都是不值得花费太多的时间去完成的。过往的岁月里，你一定也有过很多美丽的梦想，你也一定付出过辛苦的努力，如果有些东西你一直都没有追求到，为何不变一个方向？只要你找到适合自己的道路，即使这条路上也会有崎岖坎坷，但不要怕，勇敢地拼搏，并享受这条路上的风景，如此，才能让自己活出一个精彩无悔的人生！

延伸阅读：如何区别自己是在固执还是在执着？

人应该执着，但不应该固执。那么，如何才能区别自己是固执还是执着呢？

一位心理学家的解释是："执着的人，坚持的是自己的方向和目标；固执的人，坚持的则是自己的情绪和做事的方法。"

其实，固执与执着之间，往往只有一线之隔，认准了准确的道路奋勇前进，不达成目标不松懈是执着；一意孤行，沿着错误的方向不撞南墙不回头，是为固执。可以说，它们在过程上并无严格区别，都是对设定的目标坚持不懈、孜孜以求，而判定执着之所以为执着，固执之所以为固执的标准，仅仅是一个开头，即选择的方向正确与否。

因此，一旦得知或者求证你的目标已经板上钉钉儿的不可能成为现实的时候，果断地放下，才能最终得到"执着"的雅号而不是"固执"的恶谥。

青春值得去冒险

当你遇事犹豫不决，想方设法躲避风险的时候，请不要忘记，你要躲过的也许正是机会。

一直以来，谦虚谨慎、四平八稳都是中国人传统的行为准则。走路要“一步三摇”；做事要“三思而后行”。谨慎，确实是我们办好事情的前提条件。“如临深渊，如履薄冰”，有了这种小心谨慎的态度，跌的跤就肯定要少。但是，过于强调小心谨慎，以至于处处谨小慎微，就会使你不敢行动，机会就会与你失之交臂，成功就会与你无缘。

“我当时真应该那么做，却没有那么做。”这也许是天下最可悲的一句话，它出自那些痛失改变命运机遇，与财富、成功和幸福失之交臂的人之口。如今，类似的话还是经常能听到：“如果我当年就开始做那个生意，早就发财啦！”“我早就料到了，我好后悔当时没有做。”说这些话的人，在追悔莫及的同时，无一例外地得到了一个终生难忘的教训：不冒险就是最大的冒险！因为他们不仅避开了风险的冲击，但也错过了改变命运、赢得成功的机会。

因此，在培养谨慎性格的同时，也不要丢掉年轻人特有的冒险精神。

德国人布斯是一名跳高运动员，一直以来，他都是众多优秀赛手中一个默默无闻的参赛选手。但是，他的冒险精神，却让他在一次跳高比赛中成了众人瞩目的对象，取得了最辉煌的一次成功。

在那场比赛中，有很多优秀的赛手，其中包括奥运冠军克柳金、上届比赛冠军沃罗宁及世界纪录保持者索托马约尔等众多跳高名将。开始的时候，比赛进行得非常顺利，但是，当横竿升到2.30米时，气温骤然降到了10摄氏度左右，风也很大，突然的变化肯定不适合跳高这一赛事。不过，还是有6人跳过了这个高度，其中包括布斯。

等横竿慢慢地升到2.33米时，古巴的索托马约尔第一个飞身越过。这位创造了2.45米世界纪录的英雄，在跳过这个高度时非常轻松地笑了。他大概想：以这样恶劣的天气，一下就越过这个高度的自己差不多可以拿冠军了。然而，这个高度并没有成为众多选手的阻碍，俄罗斯的莱巴科夫和沃罗宁也是一次就越过2.33米，而且因前面失误少，名次排在了索托马约尔的前面。但是布斯呢？连续两次试跳这个高度都失败了。

当时，其他的选手已经不把布斯当作对手了，因为，在那年的两次大赛中，布斯一次跳过2.30米，另一次仅跳过2.24米。此刻试跳只剩下一次了，如果按正常逻辑，布斯是拿不到奖牌的。但布斯自己却并不这样想，他说："我知道有10个人可以争冠军，我就是这10人之一，能不能拿冠军关键是我能不能超过他们。"于是，他横下一条心，直接要求将横竿升至2.36米。

这个高度，莱巴科夫、沃罗宁、索托马约尔的第一次试跳都没过。而他们第一次的失败，让布斯更看到了希望。他甚至给自己打气说："如果你跳过了，那么你就是这场比赛的冠军。"这时，布斯振奋精神准备最后一次试跳，只见他跃起后在空中画过一道弧线，轻松飞过了横杆，跳过去了！布斯的教练向他挥挥手，他高兴地跳了起来，此刻，他已经不再关心其他选手的成绩了。因为，他的冒险已经使自己突破了自己的最好成绩。而更加幸运的是，莱巴科夫、沃罗宁、索托马约尔最后都没有跳过2.36米，布斯通过一次冒险，摘到了成功的桂冠。

"世界上有10个人可以争夺跳高金牌，但我不会想到布斯，敢于冒险的本质成就了他。"瑞典的世界前跳高冠军斯特兰德赛后说。

人们常常后悔的是人生中没有尝试过的事情，而不是做过的事情。所以，很多时候，人们确实需要挑战一下自己，尝试通过冒险获得成功。即使输了，也不用过于灰心丧气，因为失败是每个人都必须经历的事情。

现实生活中很多人觉得自己还年轻，而青春就是自己的最大资本，所以把时间都用在看起来并没有多大意义的事情上。他们总以为有无尽的岁月可以挥霍，不担心来不及冒险，于是就在琐碎的忙碌中结束了青春时光。当青春不再时，又感叹自己单调乏味的生活，希望青春可以再来，可惜到这时再后悔已经为时晚矣。

此外，还有一些年轻人对失败存有畏惧感，不敢去冒风险，求稳怕乱，希望平平稳稳地过一辈子。可是，可靠、平静，真正是悲哀而毫无生趣的人生。其最为痛惜之处在于，这样的人自己将自己的潜能葬送掉了。原本能够摘取成功之果，分享成功的最大喜悦，可是他们却甘愿把它放弃了。与其造成这样的悔恨和遗憾，还不如摒弃胆怯勇敢地去闯荡和探索。与其平庸地过一生，不如做一个敢于冒险的英雄。

人无千日好，花无百日红，早时不算计，过后一场空。这虽是古人的诗句，但对今人仍有着深刻的借鉴意义。所以，年轻人，如果不想继续过单调乏味的生活，那就为自己插上一双崭新的翅膀，向着心之所想的地方尽情飞翔吧。英国经济学家斯通说过："生命是一个奥秘，它的价值在于探索，因而，生命的唯一养料就是冒险。"勇敢地冒险，尝试去做自己平时不敢做的事情吧。这样，你的人生想不精彩都难!

但这里所说的"冒险"，并不是盲目的，鲁莽的，更不能是赌气的。会冒险的人是有方法、有分寸的：冒该冒之险。也就是说，主张稳重决策的同时，看是否值得冒险。也就是说，成功的概率一定要大于失败的概率，才可以冒险，而且，要确认冒险不会给自己带来毁灭性的打击。

延伸阅读：冒险与冒进

有一个关于冒险与冒进的故事，是这样的：一个人问一个哲学家，什么叫冒险，什么叫冒进？哲学家说，比如有一个山洞，山洞里有一桶金子，你要进去把金子拿出来。假如那山洞是一个狼洞，你这是冒险；假如那山洞是一个老虎洞，你这就是冒进。这个人表示懂了。哲学家又说，假如那山洞里的只是一捆柴火，那么，即使那是一个狗洞，你也是冒进。这个故事告诉我们，冒险就是你经过努力，有可能得到，而且那东西值得你去付出。否则，你只是冒进，死了都不值得。

不是总有下一次

津津乐道于接连不断的“下一次”，是一个很危险的信号：这种“下一次”的思维会让人忽视当下应该怎么做。

很多年轻人在失败之后都以“下一次我会努力的”“下一次我会成功的”“下一次我会改正的”来自我安慰。例如，在学校学习的时候，如果这一次考试成绩不理想，就会把希望寄托在下次；毕业后找工作的时候，如果这一次面试没有合格，就希望下次能成功；在相亲的过程中，如果这一次对方不合心意，那么下一次或许就能称心如意；在事业陷入低谷的时候，如果这一次业绩没达到目标，那么下一次再更加努力就可以……不知有多少事情，我们都在期盼和找寻下一个机会。但是，下一次真的会比这一次好吗?

并非如此。因为很多时候，你都很难再有第二次机会来弥补自己的过失。“下一次”可以说是一种特权，并不是无时无刻存在，也不是人人都享有。如果总把希望寄托于“下一次”，“下一次”并不会如期而至，反而会把你引向失败的深渊。所以，不要每次都把希望寄托在“下一次”，人生没有后悔药，在“现在或者此时此刻”的行为中一定要做到最好，抓住眼前的每一次机会，珍惜现在所拥有的，你才可能有一个更好的未来。

从日本留学归来，男孩想投资开一家日式料理店。

他先让朋友帮他选择地点，他们跑遍了整个城市，看了无数的房子，最后他从中挑选出10个，列为准店，把它们在位置、环境、布局等方面的优劣列成清单，反复比较，从中优选出3个，然后把这3个店的位置、环境、布局及服务内容等方面列成一个更为详细的调查表，委托一家信息咨询公司做市场调查，根据调查回馈，最后确定了其中一个。

接下来开始装修。男孩请来装修公司，详细地讲述他的意图，他说得太详细了，店内所有的空间包括门厅、厨房、卫生间里的每一个角落都不放过，而且，店外远至百米的路段也做了精心布置，简直精细到极点，甚至显得有些婆婆妈妈。店终于按照他的要求装修好了，进到里面，给人的第一感觉是舒服，第二感觉还是舒服，你能想到的他全想到了。可他还不放心，让朋友帮他挑毛病，看看还有什么没想到的地方。

朋友说："挺好的，赶快开业吧，早开一天早收入一天。"因为从选店址到装修，男孩不仅多跑了许多路、多花了许多钱，更重要的是，花了许多时间，如果换成别人，现在早营业赚钱了，可他还在这儿挑毛病，朋友十分不解。

他看着朋友说："正式开业还要等一个星期，从明天开始，我请你带朋友来吃饭，全部免费，但有一条，每吃一次，至少要提一条意见。"

"为什么呀？"朋友更加不理解了。

"因为在日本，不能让客人等候超过5分钟，不能让客人有任何不满意的地方，现在开业，我没有把握，所以我付费请咨询公司替我找最挑剔的顾客来，如果你方便也请你来，多挑毛病，拜托了！"他说。

"你也太认真了，这是在中国，不用这样，要我说，先开业，发现问题再说，现改也来得及。"

"不，我不能拿顾客做试验，我在日本做过调查，开业最初10天进店的顾客，基本上就是店里长期的顾客，如果你在这10天里留不住顾客，你就得关门。"

"为什么？一个新开的店，有点不足是难免的，客人也会谅解的，下次改正就行了。"

"不，在日本，没有下次，只给你一次机会。我刚到日本和日本人初次交往时，觉得他们很傻，你说什么他们都信，你如果想骗他们其实很容易，但是他们只给你骗一次，以后他们永远都不会和你来往。在日本，只要是你本人的原因犯错，你就得走，你不必说‘对不起，这次我错了，给我机会，我保证下次改正’。没有下次，只给你一次机会。”

为什么这个在别人看来没什么了不起的料理店，男孩却如此认真、如此精细呢？因为男孩深深知道，这既是他的第一个店，也是他最后一个店，成败只此一次，没有再一，更无再二。

事实上，凡是优秀的人才，都是在开始的时候就做好了赢的准备与打算，所以每次行动都是以保质保量完成任务为目标，不会给自己任何理由和借口推脱过去。即使是当代著名艺术表演家或是知名学者，他们每一次上台表演或演讲都如履薄冰，在上台前不断地练习，严格要求自己在观众面前呈现最完美的一面。因为对他们而言，每一次都是不同的观众，所以自己的每一次表演或演讲，都应该当作是第一次也是最关键的一次来表现。

人生就像一场表演，没有彩排，每一场都是现场直播。把握好每次演出才是对人生最好的珍惜。遗憾的是，我们身边却有太多人都会不自觉地期盼找寻下一次机会，因而忽视、怠慢了自己手头上的事，认为现在的事情做不好还有机会改，还可以等到下次再处理，还有总结错误、再做一次的机会。实际上，我们对当下事务的每一次忽视、怠慢都会对下一件事情的发生、进展产生负面影响，从而导致在下次机会到来时，不能很好地把握。好多人习惯于寄希望于下一次，以为机会永远无穷尽，然而事情这样发展下去的结果很可能就是坏上加坏，以致到后来无可挽回。

所以，你永远不能把希望寄托在下一次。在社会生活中，竞争这么激烈，即使你没有犯任何错，也有可能会被别人取代，更不用说你不好好把握现在的机会了。你现在所处的环境对你来说是锻炼自己的最好机会，只有做好了现在的事才可能获得一个更好的未来。如果你连现在的事情都做不好，都不愿做好，又有什么资格埋怨未来的不如意呢？

延伸阅读：你为成功做了哪些准备？

曾在伟大思想论坛演讲的分析家理查德·圣约翰曾做过一项关于成功秘诀的调查。这项调查的对象包括比尔·盖茨、鲁伯特·默多克（传媒大亨）、歌蒂·韩、阿尔·戈尔（前美国副总统）等人在内的500个人。通过调查，他总结出了成功的8个步骤：

第一步：激情。寻找你所热爱的工作，这样，工作就是出于热爱而不是为了金钱。金钱也会随之而来。

第二步：工作。工作的辛苦是无法避免的，但是如果你热爱自己的工作，自然就不会觉得很辛苦。

第三步：专长。一定要在某一方面十分突出。练习，练习，不断练习直到非常熟练为止。

第四步：专注。锁定一个目标，并为之投入全部精力和努力。

第五步：鞭策。努力让自己摆脱害羞、自我怀疑和消极思想的困扰。如果做不到这点，那就告诉你的母亲，她会帮助你。

第六步：服务。寻找为别人服务的机会。百万富翁为别人提供有价值的服务，而那些人也愿意为之偿付金钱。

第七步：思想。不断让自己迸发新思想，并将其中最好的付诸行动。

第八步：坚持。不管有多艰难，永远不言放弃。

你做好了哪些准备？

八、未晚
——别让青春空老，趁一切还来得及

别以为，你还有的是时间。趁一切还来得及，去享受你的每一时刻；趁一切还来得及，去成就你的事业爱情；趁一切还来得及，去孝敬你的父母……

现在，就是不能遗失的美好

幸福是一种积累，是由无数个今天堆积而成的。如果你失去了今天，也就丧失了今天所有的欢愉和幸福。

人在年轻时最大的毛病就是缺乏对自己情绪的控制。任何生活中的变动，大至超越了人能力所及的大事情，小至扰乱了人心平衡状态的小事件，都会使我们陷入自己的消极情绪中。我们总是试图脱离现有的令自己不愉快的状况。殊不知，我们的青春也就在这种情绪中一天一天地悄然而逝了。

不在现实中寻找快乐，却在逝去的日子或渺茫的未来中，试图寻得快乐与幸福。这种想法和做法都是错误至极的。试问，有谁可以担保一旦脱离了现有的状况，就可以得到幸福？有谁可以担保，今天不笑的人，明天一定会笑？

其实，过去、现在、未来，三者之中，过去已经过去，未来还未到来，只有现在是你自己可以把握的，只有现在是属于此刻的你。我们的人生就是由无数个现在堆积而成的。如果你失去了现在，也就丧失了所有的欢愉和幸福。活在现在，才能清晰地认识到每一刻的状态，保持头脑最大程度的清醒，保持感官最大程度的敏锐，也许只有这样，我们才最有可能把事情做好，也能最大程度地感受到幸福。

丹麦哥本哈根大学的一名学生，在某年暑假，去华盛顿观光。

他到达华盛顿时，在魏拉德旅馆登了记，他在那儿的费用早已经有人给预付了。这使他高兴到了极点。可是，当他准备就寝时，他发现钱包不见了。钱包里装有护照和现款。他跑到楼下的旅馆柜台，向经理说明了情况。“我们尽一切努力帮助你。”经理说。

第二天早晨，钱包仍然下落不明。而这个年轻人的衣袋里只有不到两美元的零钱。现在，他孑然一身，飘零异邦，怎么办呢？打电报给芝加哥的朋友，告诉他们所发生的事吗？到警察总局坐等消息吗？

突然间，他说：“不！我不愿做任何无意义的事情！我要参观华盛顿。我可能再不会到这儿来了。我在这个伟大国家的首都里只能呆上宝贵的一天。毕竟，我还有去芝加哥的机票，还有许多时间解决现款和护照问题。如果我现在不去参观华盛顿，我就不会再有这样的机会了。”

“现在应当是很愉快的时候。”

“现在的我和昨天没失去钱包的我应是同一个人。那时我很愉快。”

“我应该愉快地过好今天。”

于是，年轻人步行出发了。他看到了白宫和国会大厦，参观了一些恢宏的博物馆，他爬上了华盛顿纪念碑的顶端。虽然不能到华盛顿郊区以及他计划中的其他地方去，但凡是他到过的地方，他都看得很仔细，心里很兴奋。

回到丹麦后，他回忆起这段美国的旅程，总是很开心。因为他觉得，他没有因为钱包被偷而沮丧，失去一天的美好时光。事实证明，他也确实不应该因此而失去美好的一天——在他回国5天后，华盛顿警察局帮他找回了钱包，物归原主。

假如你能够像这个年轻人那样，明白只有今天才是真实的，你就不会沉浸在痛苦中不能自拔了，你就会把握好今天，把昨天看成是今天的经验、借鉴。过去的一分一秒不会重来，而这一刻你感受到的时光，不但是独一无二的，也是你唯一能够把握的，为什么不好好地感受和体验这一刻呢？与其为失去的或得不到的东西算计、耿耿于怀，不如好好盘点你现在所拥有的东西并一一享受它们。

另一方面，我们也不应过分地幻想明天。预期、幻想虽然可以刺激你向往未来，刺激你更努力做事，但是，过分的幻想也会让你失去今天的乐趣，并影响你做好当下的事情。例如，在一月，不要因为你的幻想在二月，而丧失了在一月可能得到的良机；不要因为对未来计划的憧憬，而虚度、浪费现在；不要因为目光注视着天上的星光，而看不见你周围的美景，甚至践踏了你脚下的玫瑰。要潇洒地活在今天，不要等到许多事已成为旧事、许多人已沦为旧人，才懂得珍惜。

都说每个汉字背后都有一个哲理，其实很多英文也是如此。例如英文“Present”有两个含义，一个是“现在”，另一个是“礼物”，为什么？因为它要告诉你：“现在是上帝给你最好的礼物！”是的，最重要的事情就是现在你做的事情，最重要的人就是现在和你一起做事情的人，最重要的时间就是现在。当你不再为昨天发生的事情懊悔不已，也不会担心、惦念明天将要面临的是是非非，而是把自己的精力集中在今天要做的事情上时，你才最接近幸福。

不过，面对生活的无常、未来的不可预测，要想真正地把握现在，绝非易事。但你必须要知道，如果你不活在现在，就会失去现在。谁越早明白这个道理，谁就能越早得到幸福。

第一，学会遗忘。法国作家安德鲁·摩洛曾经说过：“不去遗忘，就不会有幸福。”不论你惦念的是快乐的往事，还是痛苦的经历，只要长期生活在过去的记忆里，就会与现实脱节，就不可能开开心心、快快乐乐地生活。但是怎样才能做到遗忘呢？答案只有两个字：放下。扭转念头去专心工作，或者去运动、旅行，让脑海里一片清静，这样才能获得心灵上的重生，才能更加坚强、勇敢地面对现实，迎接未来。

第二，看清反差。不能看清反差有可能让你成为一个狂傲者，也有可能让你成为一个自卑者。只有做反差的调节者，才能获得阳光心态。有反差就有落差，有落差就有差距。能找准差距才能找到自己的位置与航标，才能更好调整自己，既不高傲，也不轻视，既不攀比，也不低下。

第三，珍惜时间。正如朱自清在《匆匆》里所描述的：“洗手的时候，日子从水盆里过去；吃饭的时候，日子从饭碗里过去；默默时，便从凝然的双眼前过去。”稍不注意，今天即成昨天，变得无法再找回。唯有珍惜时间，才能把握今天。

第四，爱你所有。不要再懊恼自己已经失去的，更不要想入非非地去追求一些自己虚构的理想情节。要相信，眼前的风景才是最美丽的，自己拥有的才是最好的。对于爱你的人，父母、爱人、兄弟姐妹、亲朋好友及所有相识的人，“当下”就应当好好地珍惜。要时刻抱着一颗感恩的心来看待世间的人和事，多一份爱心，多一点宽容，多一些理解，不要把可以去做但没有去做的事遗憾在心头。

延伸阅读：理性情感治疗法

心理学家阿尔伯特·伊利斯相信，许多典型的自我交谈都是非理性和不现实的，并由此发展了一套治疗情感失控的方法——“理性情感治疗法”。下面是他列举的最常见的10种不理性思考，以及可以取代它们的理性思考：

1. 非理性的思考：对于你发现和认为最重要的那些人，你必须赢得他们的赞赏和爱护。

理性的思考：能够赢得重要人物的爱和赞赏固然是好事，然而，你活着不是只为赢得这些。

2. 非理性的思考：你必须证明自己完全是有竞争力、十全十美、能够做一番事业的人。

理性的思考：做生活中的强者、具有竞争力、积极进取、乐观向上，这些都是你应当追求的人生价值取向，它们也往往能使你有所成就。但是，任何人都不是完美无缺的。

3. 非理性的思考；当某些人的行为可憎和不公正光明时，应当责备诅咒他们，把他们看作是一些极坏且恶、鲜廉寡耻的堕落之徒。

理性的思考：当人们的行为不正大光明时，你对此感到愤怒和痛恨是可以理解的，但并不一定要诅咒他们去下地狱。因为，一切都在变化中。

4. 非理性的思考：当你遭受严重挫折、受到不公平的待遇或被拒绝时，你就不得不把一切看成是可憎可怕和灾难性的。

理性的思考：挫折失败和被拒绝或者不被接受，正像你被接受认可和取得辉煌成就一样，都是人生中不可抹杀的组成部分，因此，你要学会经历体验、甚至“欣赏”它们。

5. 非理性的思考：你的情感痛苦和遭遇来自外部压力，你几乎没有能力控制或者改变自己的情感。

理性的思考：我们的多数痛苦和遭遇不是来自外部压力，而在于我们如何理解和解释它们。

6. 非理性的思考：如果某事某物看上去是危险和可怖的，你必须使自己高度警惕和全力以赴，并且使自己常常焦虑异常。

理性的思考：如果某事某物危险或令人恐惧，应该尽快消除或避开危险，然后将其忘到脑后。

7. 非理性的思考：如果不去过分自我约束，那么你会更加自由地避免许多生活中的困难，不会承担更多的责任义务。

理性的思考：通过自我约束行为，你会更加轻松自如地为自己的行为负责。

8. 非理性的思考：过去的经历对你来说异常重要，那是因为某件事曾强烈地影响了你的生活，那么这件事就必须持续地支配着你现在的情感及行为。

理性的思考：一旦你从过去吸取了经验教训，你可以很容易地让它成为过去。

9. 非理性的思考：所有的人和事物都应当比其表面看去更加美好。如果不能找到解决生活中现实问题的理想答案，你就一定认为那是令人恐怖可怕的事情。

理性的思考：有时，生活中的现实问题未必一定有理想的解决办法。生活常常是不公平的，决不仅仅是鲜花与美酒，才子和佳人。

10. 非理性的思考：不用积极主动地去参与生活、体验生活，你就可以获取最高的人生幸福境界。

理性的思考：享受生活和人生的最佳途径是克服惰性、乐观活跃、积极进取。

成功赶早不赶晚

青春须早为，岂能长少年。

毕业后，我们一同步入社会。但五年后，有些可能已经有了相当不同的际遇和发展；十年后，可能谁已经升级成为上司或主管；再过经年，更有谁可能已经搭乘火箭，上升至权力金字塔的塔尖。那么，究竟是什么使一些人一再被幸运女神挑选出来穿上灰姑娘的玻璃鞋，而另一些人只能在机遇的门口迷失方向，苦苦求索而不得通幽曲径呢？

人们对这个问题的回答通常是勤奋、思考、创新等，当然，还有那么一点点幸运什么的，这些无疑都是千百年来的励志故事，当然也是促进成功的必要条件。但这些回答，是不能完全解释成功的内在原因和机缘的。事实上，在那些幸运儿成功的背后，总是有一种现象反复出现，那就是早早成功。灰姑娘的玻璃鞋只有一双，必须要早早地在幸运女神那里排队申请。

我们来看看“石油大王”洛克菲勒年轻时的经历：

约翰·洛克菲勒出生于纽约州哈得逊河畔的一个小镇。从小，他就表现出了自己的商业才能。

他有个记账本，上面详细地记录着自己在田里干了什么活，以此来向父亲要求报酬。同时，他把这些钱积攒下来，贷给当地的农民，收取一定的利息，从中赚取费用。还有一次，他在树林中发现了火鸡的窝，就把小火鸡弄回家中自己饲养，到感恩节的时候，再把火鸡卖掉，大赚一笔。而这些都得到了父亲的赞扬，因为父亲认为：“人生只有靠自己，做生意要趁早，只有钱才是最牢靠的。”这种教育方式或许有点偏激，但对年幼的洛克菲勒而言，却是影响一生的教导。

16岁那年，洛克菲勒决定放弃升大学，到商界谋生。为了寻找工作，他在克利夫兰的街上跑了几个星期，拿定主意要找一个前程远大的职业。终于，他在一家经营谷物的商行当上了会计办事员。工作认真刻苦，账簿做得清清楚楚，没有差错，洛克菲勒的这些表现顿时让老板休威刮目相看。

在公司工作的第三年，洛克菲勒无意中听到了英国即将发生饥荒的新闻，自作主张大量收购食品，为此老板极为不满，但没过多久，英国真的发生了饥荒，公司的货物销往外国，获得了巨额利润。一时间，洛克菲勒在当地成为人们的谈论中心，一个19岁的小商业天才就这样诞生了！

19岁那年，已经做到助理的洛克菲勒辞掉了工作，同时，他还认识了和他有过相同工作经历的英国人克拉克。洛克菲勒向父亲借了1000美元，与克拉克合伙成立了“克拉克·洛克菲勒经纪公司”，开始了创业。他们所经营的生意就是把美国西部的谷物、肉类出售到欧洲。洛克菲勒做生意时总是信心十足、雄心勃勃；同时又言而有信，想方设法使自己取信于人。他22岁那年，南北战争爆发，他抓住时机，迅速办理了大额贷款，囤积了许多战时必需的货物，而当这一切完成之后，战争打响了，洛克菲勒赚了大钱。

战争带来的不仅仅是这些，当时铁路建设风起云涌，石油需求量大增，洛克菲勒就在克利夫兰开设了一个炼油厂，把西部的石油运到纽约等东部地区。在石油工业中，勘探石油等工作被称为“上游工业”，精制和销售属“下游工业”。随着下游工业的兴盛，克利夫兰出现了50家炼油厂，洛克菲勒决定垄断“下游工业”，那时他只有28岁。

随着洛克菲勒“石油帝国”实力的迅速增长，它的触角也伸展到金融、公用事业和一些工业部门。洛克菲勒依靠庞大的石油帝国和巨大金融的实力做后盾，大大加强了其在美国金融界的地位和影响。最终成就了他名噪世界的“石油大王”的称号。

兵法上常讲“时机”，凡事先入为主、先发制人总会占得优势。所以，抢占先机是非常重要的。

生活中我们常常能听到有的年轻人对人说：“我这么聪明，将来准能成大事的，你们就等着吧，等我有钱了，请你们吃满汉全席。”言语之间，踌躇满志，仿佛自己已经功成名就。

可是，等着就能等到成功，等来财富钱吗？试问一下，如果不乘年轻时努力一点，等到年纪大了再来拼命，还有可能成功吗？

其实，智慧的增长是遵循着一个法则的，这个法则就是潜能递减法则，如果尽早培养自己各方面的能力的话，才不会错过功成名就的黄金时期。这对任何人来说都是一样。年轻时需要积累，年老时才来享受；年轻时正是奋斗学习成长，积累自身实力的时期，年老力衰的时候才能靠着智慧经验或者年轻时储蓄的财富过日子，否则年纪大了再来吃苦，就是“自造孽”。

从步入青春期开始，到而立之年结束，青春也就十年到十五年的时间。但这十几年的时间，却是人生中的关键。倘若我们不能在这最美好的时光里实现成功的梦想，我们可能将只剩唏嘘。等待永远是美好的最大敌人，拖拉者的最大悲剧就是：一方面梦想仙境中的玫瑰园出现，另一方面又忽略窗外盛开的玫瑰。昨天已成为历史，明天仅是幻想，现实的玫瑰就是“今天”。拖拉所浪费的正是这宝贵的“今天”。

正如几十年前张爱玲说的一句话：“出名要趁早。”成功也要趁早。成功不在难易，而在于“谁早行动了”。这个世界不缺乏机遇，缺少的是抓住机遇的手，如果你有想法就要赶紧去做，别担心失败或困难重重，人都是在不断跌倒与爬起中学会走路的，在不停地实践与追求中，你就能超越自我，成为一块闪亮耀眼的真金。

延伸阅读：年轻人的资本

1. 敢于冒险，敢于尝试新鲜事物。

2. 能够在逆境中坚持不懈、奋斗不止，有极大的韧性，能承受较大的压力。

3. 善于学习，悟性极高，有方法、有思路、有创意。

4. 对项目有极高的敏感性，善于辨识并快速抓住机会。

5. 有优秀的领导力，能够吸引和留住人才与之一起艰苦奋斗。

6. 责任心极强，在打工时就具有老板心态，将老板的事当成自己的事。

7. 坚定、执着、专注，认准的事就坚持到底，遇到困难绝不轻易回头。

8. 思想积极正面，懂得欣赏别人；广结人脉，社会资源丰富。

9. 有极强的团队合作精神，能够高瞻远瞩，凡事从大局出发。

10. 重视经验的积累，不断修正错误，有优秀的管理能力。

人生成败，规划定局

没规划的人生叫拼图，有规划的人生才叫蓝图。

某一年，一群意气风发的天之骄子从美国哈佛大学毕业了，他们在智力、学历、环境条件上都相差无几。临出校门前，哈佛对他们进行了一次关于人生目标的调查。结果是这样的：27%的人，没有目标；60%的人，目标模糊；10%的人，有清晰但比较短期的目标；3%的人，有清晰而长远的目标。

25年后，哈佛再次对这群学生进行了跟踪调查，结果是这样的：3%的人，25年间他们朝着一个方向不懈努力，几乎都成为社会各界的成功人士，其中不乏行业领袖、社会精英；10%的人，他们的短期目标不断地实现，成为各个领域中的专业人士，大都生活在社会的中上层；60%

的人，他们安稳地生活与工作，但都没有什么特别的成绩，几乎都生活在社会的中下层；剩下 27%的人，他们的生活没有目标，过得很不如意，并且常常在抱怨他人、抱怨社会、抱怨这个“不肯给他们机会”的世界。

其实，他们之间的差别仅仅在于：25 年前，他们中的一些人知道自己想干什么，该干什么，而另一些人则不清楚或不很清楚。

我们也许无法确定这些数据的精准度，但在这里，我们的确看到了人生职业规划的重要性——没有规划的人生往往被规划掉，而用心规划的人生才更容易成功。其实纵观古今名人，无数事实也都证明，青少年时就规划并努力去实现梦想的人更容易成功。

法国著名作家巴尔扎克年轻的时候，曾经营出版、印刷业，但由于经营不善，他的企业破产了，并欠下了巨额债务。债权人经常半夜来敲他的家门，警察局发出通辑令，要立即拘禁他。那时的巴尔扎克居无定所，后来实在没有办法，在一个晚上，他偷偷地搬进了巴黎贫民区卜西尼亚街的一间小屋里。

他隐姓埋名，躲进这间不为外人所知的小屋子里。周围的难民根本没有注意到这位有些落魄，却踌躇满志的年轻人，他终于从原先浮躁不安的心志中平静下来，他坐在书桌前，认真地反思着，多年以来，自己一直游移不定，今天想做做这，明天又想改行做别的，始终没有集中精力来从事自己最喜欢的文学创作。他突然间顿悟，蓦地站起来，从他的储物柜里找出拿破仑的小雕像，放立在书架上，并在旁边贴了一张纸条：“彼以剑锋创其始者，我将与笔锋竞其业。”拿破仑想用武力征服全世界，他没做到，而我却要用笔征服全世界。

事实上，他成功了！

还有，唐朝著名学者陆羽，从小是个孤儿，被智积禅师抚养长大。他虽身在庙中，却有很大的志向。青年时，陆羽执意下山求学，立志要把祖国的茶艺文化发扬光大。后来，他终于撰写出了广为流传的《茶经》。

铁面无私的包青天——包拯，自幼聪颖，勤学好问，尤喜推理断案，因他的父亲与知县交往密切，包拯从小耳涌目染，学会了不少断案知识，那时他就立志长大当一名能为民除害的官员，后来，他努力学习律法刑理知识，终于成了断案如神、为民做主的一代清官。

王十朋从小聪颖过人，文思敏捷，可是书法却不尽如人意。后来，他痛下决心，一定要练好书法。终于，在宝印叔叔的指点下，他终于悟到了书法的真谛，成为一名大书法家和文学家。

南末时期著名的民族英雄文天祥，少年时生活困苦，在亲友的帮助下才有机会读书，面对这来之不易的机会，他树立了勇夺榜首的志向，努力多年后终于实现了自己的理想。

唐僧能够坚持不懈 19 年，行程 5 万余里而不放弃，也是因为他心中始终有一个目标：普渡众生，把佛教发扬光大。

……

可见，一个成功的人生一定是规划的结果。人生有了规划，才不会迷茫。有了人生的规划，我们不仅清楚自己现在所处的位置，更清楚自己下一步所要迈出的方向。

“新东方”创始人之一徐小平就曾经说过一句颇有哲理的话：“人生没有设计，你离挨饿只有三天。”话虽然有些夸张，但在竞争如此激烈的当今社会，“人生需要规划”已经是毋庸置疑的思想理念。然而，现在许多的年轻人，话一出口却是：“我很迷茫……”“我后悔了……”“如果时间重来，我一定会……”

还有一些年轻人，则是在身边“过来人”的规划下一路走来的，从就学到工作，再到恋爱、婚姻，父母当参谋、定方向已然成为常态。久而久之，很多人甚至索性就躺在了父母的规划上乐享其成。然而，儿时依赖父母规划，走进社会懒得规划的弊端正在发酵：做事不讲逻辑，遇事茫然无措，动辄意气用事等正在成为现代年轻人的符号。

其实青春，对每一个人来说，无疑都是最关键的，来不得半点儿闪失。因为这段时间将决定我们人生事业的雏形，为后半生的幸福与成败奠定一个基调。不管是没有规划人生的，还是依赖他人为自己规划人生的，都只能以悲剧收尾。如果你不想这样，就应该尽早给自己一个准确的职业定位。

当然，这是一个说起来简单，但做起来困难的问题。要想做出准确的职业定位，最主要的就是要知己，进行自我分析。自己想做什么（兴趣），自己能做什么（能力），自己适合做什么（人格）。在管理界中有一句名言：没有最好的，只有最切合实际的。选择职业也是一样，没有对与不对，只有适合与不适合。每个人的个性、天赋、才能、所处的环境等都是不一样的，而你所要做的，不是抱怨自己不如别人的地方，而是认真分析自己的特点，找出适合自己做的事情。“世上本没有垃圾，只有放错位置的财富。”如果你能够准确地把握了这一点，那么你想不成功都很难。

延伸阅读：规划误区

1. 过分地强调现实的可能性。尽管建立任何目标，都必须考虑到现实的条件。但是，如果过分地强调现实的可能性，而不是强调对未来的憧憬，你就会发现，建立的目标，十有八九不会是什么太大的目标。没有远大目标牵引的人生，你的潜能也不会有太大的发挥空间。

2. 根据自己现有的能力来确立目标。这样的目标也常常不会是什么太大的目标，并且人的能力似乎也总是不见长进。能力是一个相对的概念，绝不是天生的，而是后天有计划地去培养出来的。先确立一个目标，然后才去逐一准备达成该目标所必备能力的话，我们会发现能力提升的速度显而易见。

3. 根据现有的信息来确立目标。在我们的大脑生理结构中有一个网状系统，是专门用来过滤信息的。先确定目标，然后你的网状系统就会自动地帮助你去找寻能够帮助目标达成的信息。

4. 将没有量化、没有时间限制的梦想，当成是目标。其结果就是无法衡量进度，也无法衡量结果。同时也容易造成自己有意无意地压缩梦想，以适应残酷的现实。要知道，梦想可以非常概括、形象，而目标必须是具体而可以量化的。

5. 设立自己完不成的目标。如果达不到目标，即使你完成了其中的一部分，也会给你带来一种挫折感。人在生活中挫折感太多了，动力就会相应减少。

学理财永远不嫌早

你不理财，财不理你。

现在大多数年轻人，由于缺少生活的磨砺，不知道钱是个重要的东西，有些人反而认为“穷”是一种风度。他们把工资当零花钱花掉，以“月光族”“月光女神”为荣。谁最先“月光”谁最洒脱，仿佛存钱是一件很土、很小器的事情。有的人甚至借钱度日。每个月就是一部返老还童的情景喜剧。月初的时候，有了生活费，过着神仙般的生活，而捉襟见肘的下半个月生活却像乞丐一样。

还有些年轻人，觉得自己的收入不高，认为这点钱也不值得省下来，还不如吃了喝了痛快。其实，工资少是因为你刚刚进入社会、还处在人生的摸索阶段，你的学识和潜力都还没有得到锻炼和开发，当然不会有高的收入。虽然钱是靠挣来的而不是靠省的，但是如果总是挣多少花多少，忽视积累的过程，那么永远都只有手头上那么点钱。

其实，穷人和富人的差别，不看你能不能挣钱，而是看你会不会理财。你不理财，财不理你。

1971 年，身为亿万富翁的约瑟夫·维伯开始考虑身后之事。决定给每个子女价值 100 万美元的公司股票，剩下的则捐献给慈善机构。

有一天，吃过晚饭后，约瑟夫·维伯把孩子们叫到一边，告诉她们说：“因为我太爱你们了，所以决定不给你们留下太多的钱。”

现在，这位黎巴嫩移民后裔已经80多岁了，最初的想法仍然没有改变，他说：“我能做的唯一一件事就是让她们有独立成功的机会，也有可能会体味失败。一切都是父母的，她们能说些什么呢？每一个人都应该努力。家长应该给孩子工具箱，而不是万贯家产。”

“给孩子工具箱，而不是万贯家产。”仔细想想，这是非常有道理的。金钱总有一天会花光的，但学会了理财却等于拥有了摇钱树、聚宝盆。因为当你广泛地运用理财观念来处理有关金钱和财富方面的事时，就可以不断创造财富。从这个角度而言，你的理财规划进行得越早，享受回报的机会就会越多。

当然，理财也不一定让你一夜致富，但是它有利于平衡你的收支，使你的生活无忧，不会让你成为“月光一族”。理财本质上是让你善用手中一切可运用的资金，满足人生或家庭各阶段的需求。

眼下有许多年轻人生活放任无序，他们以为“船到桥头自然直”，理财的事儿可以往后放一放。或者干脆以“没有数字观念”“天生不善理财”逃避这个问题，这都是对自己不负责任的态度。一旦被迫面对重大财务问题时，他们只有任命运宰割的份儿。事实上，任何一项能力都非天生就有，耐心学习与实际经验才是重点。

对于刚刚步入社会没有多少金钱的年轻人来说，下面这些理财方法就是为你们量身打造的：

一是一定不要做“月光族”，财政赤字要不得。要让自己的银行卡每月有盈余，最简单的理财方式莫过于留出部分开销，把自己积攒的钱以定期存款的方式存入银行，或者选购部分国债。银行的零存整取功能、定额定期开放式基金，以及每天计息的货币市场基金，你应该抽时间咨询清楚，这总比活期存款强。

二是与时俱进，更新传统的理财知识。父辈的存钱传统和节省原则已经不适用于现代的生活方式。不妨利用业余时间学些理财知识，了解有哪些理财小窍门，然后对个人理财做个规划。这样，你花钱就能花在刀刃上，在保守储蓄的同时，也对自身进行了投资。现在你投入精力累积的理财知识与实践经验将终生伴随你，帮助你逐步建立稳健的财务规划，逐渐积累财富。

三是设定阶梯式的短期财富目标。每次给自己设定一个三到五年的财富目标，就像设定三到五年的人生目标一样，然后再逐步完成你的财富大目标。比如，你打算赚多少钱，打算买房子还是买汽车，需要首付多少。这样，你花钱的时候，就会有所顾忌，就像《蜗居》中的海萍为了买房子不敢乱花钱一样。

四是合理支配自己的薪资。你要强制自己为未来做规划，每个月的薪资不能全支出去，要将20%的薪水存入银行，这笔钱以后绝不轻易动用，若干年后这些钱就会成一笔不小的财富。钱在手上，太容易花出去了，这样七八年过后，你还没有觉得生活宽裕多少，这就太可悲了。另外，为了应对意外的花销，平时就应该留出一项专门的应急款，这样才不会在突然需要用钱时动用定期存款。

五是坚持把自己的每一笔开销记录在册。理财实质上就是健康合理地使用财富，即会花钱。每个人的收入水平、生活方式不同，对精明购物的理解就不同。有的人是淘货高手，有的人喜欢买精品，但是不管怎么样，一定要找到适合自身情况的购物方式。建议你记账，刚开始会觉得麻烦，慢慢养成习惯就会觉得对生活有帮助。洛克菲勒就有每天记账的习惯。像洛克菲勒一样，不管是休闲娱乐、交通费用、三餐开销还是应酬花费、购买奢侈品，每一笔开销你都要分门别类地记账。这样三五个月下来，你就知道自己的开销动向，就可以迅速调整自己的消费行为。这样，你才不会在不知不觉中稀里糊涂地“漏财”。

六是节约不必要的开支。要开源，也要节流。从不必要的开支如水电费等开始节流，日积月累就能聚沙成塔。

总之，在资本运作占主导的社会中，一个人必须养成良好的理财习惯，并做好完美的理财计划，将每一分钱都通过周密的运作发挥最大的作用，今日的积蓄就是明日创业的启动资本。要想成功，你至少在年轻时就应该学会理财的方法，养成良好的理财习惯。

延伸阅读：根据年龄进行投资

有一个“100减去目前年龄”的经验公式：

如果你现年60岁，至少应将资金的40%投资在股票市场、股票基金或其他投资种类；如果你现年30岁，那么至少要将70%的资金投资。为什么呢？在20到30岁时，由于距离退休的日子还远，风险承受能力是最强的，可以采用积极成长型的投资模式。尽管这时期由于准备结婚、买房、置办耐用生活必需品，要有余钱投资并不容易，但你仍需要尽可能投资。按照“100减去目前年龄”公式，你可以将70%至80%的资金投入各种渠道。

建立你的人脉存折

一个人的成功因素，15%归因于他的专业知识，而85%却要归因于人际关系。

很多人总是以为，成功人士之所以能够成功，是因为他们的智慧。然而，现实中却不乏这样的人，相貌堂堂，胸怀大志，才华满腹，既有学历，又有超人的工作能力。然而，他们却始终郁郁不得志，甚至是别人眼中的失败者和负面教材。这又实在无关智慧的问题。

事实上，人与人之间的智商差距很小，每个人所拥有的智慧都足以让他获得成功。即使是金子就会闪光，那也需要有人能看见光。这就是成功的各项因素中，隐性的、不被大家所注意的一点——人脉资源——而这又往往是最关键的一点。

所谓人脉，即人际关系、人际网络，它体现了人的人缘和社会关系。不要小看了人脉的力量，因为只要经营好人脉，就可以产生让人吃惊的效果，带来无法计量的财富。在社会上，一个被众人接纳和认可的人，有时候能力未必超人一等；但是一个成功的人，其背后必定是一群人在努力，抓住了这群人，你也就抓住了成功。所以，从这个意义上来说，越早搭建属于自己的人脉网，就能越快走向成功。

在里约热内卢的一个贫民窟里，有一个男孩，他非常喜欢踢足球，可是家里穷得买不起足球，于是就踢塑料盒，踢汽水瓶，踢从垃圾箱拣来的椰子壳。他在巷口里踢，在能找到的任何一片空地上踢。

有一天，当他在一个干涸的水塘里踢一只猪膀胱时，被一位足球教练看见了，他发现这男孩踢得很是那么回事，就主动提出送给他一个足球。小男孩得到足球后踢得更卖劲了，不久，他就能准确地把球踢进远处的随意摆放的一只水桶里。

圣诞节到了，男孩的妈妈说："我们没有钱买圣诞礼物送给我们的恩人，就让我们为我们的恩人祈祷吧。"

小男孩跟妈妈祷告完毕，向妈妈要了一只铲子跑了出去，他来到教练住的别墅前的花圃里，开始挖坑。就在他快挖好的时候，教练从别墅里走出来，问小男孩在干什么。小男孩抬起满是汗珠的脸蛋，说："教练，圣诞节到了，我没有礼物送给您，我愿给您的圣诞树挖一个树坑。"

教练把小男孩从树坑里拉上来说："我今天得到了世界上最好的礼物。明天你到我训练场去吧。"

3 年后，这位 17 岁的男孩在第六届世界杯足球赛上独进 6 球，为巴西第一次捧回金杯，他就是被世人所熟知的一代球星——贝利。

无独有偶，美国老牌影星寇克·道格拉斯年轻时也十分落魄潦倒，没有人，包括许多知名大导演都认为他会成为明星。但是，有一回寇克搭火车时，与旁边的一位女士攀谈起来，没想到这一聊，聊出了他人生的转折点。没过几天，寇克被邀请到制片厂报到。原来，这位女士是位知名制片人。

古之借风腾云、借名钓利、借力打力、借鸡生蛋，无不是讲究一个借字，讲究借助外部力量而求得发展。帆船出海、风筝上天，无不是“好风凭借力，送我上青云”。而人的成功，也需要借力。这个力量的源泉就是你的人脉网。换句话说，就是你的人脉关系越丰富，你的力量也就越大。这两个真实的故事不正证明了这一点吗？

现实生活中，有些年轻气盛的人却总喜欢单打独斗，以为只要自己努力，不靠别人也能成就一番事业。是的，成功的关键是靠自己，但这绝不是单打独斗的同义词。其实，人生在世，一个人的力量是有限的，要想取得非凡的成就，仅靠一个人的微薄力量是不足以支撑整片天空的，而积累自己的人脉，构建自己的人际网络，无疑是一个人取得成功的筹码。如果只想着单打独斗，那结果只能是走弯路甚至导致失败。

那么，作为年轻人，应该如何积累自己的人脉呢？

其实，积累自己的人脉资源，和你每个月雷打不动地往自己的银行存折里存钱是一个道理。银行里的钱存得越久越多，你能得到的利息就越多。同样，与身边人保持良好的关系，就是在建立你自己的人脉存折，只不过你的“存款”是存在了朋友、同事或客户的心里。下面几个技巧，你可以作为参考：

第一，人脉互融。也许你正在为不知从哪里着手建立、拓展自己的人脉而发愁。其实，就算你只认识几个人，你一样可以建立属于自己的人脉，并且不断扩大它：你的朋友总还是有朋友的，你可以通过朋友去认识朋友的朋友，把你的人脉与朋友互融。如果你的朋友中包括“关键人物”就更好了。这样一来，通过这样的关键人物不断认识新的朋友，让人脉资源越来越宽广，让自己的影响力无限延伸，办事越来越方便。

第二，以心换心。人脉源自良好的人际关系，良好的人际关系源自坦诚相待；想要别人怎么对待自己，先要学会怎么对待别人。所以，良好的人脉来自用心地去了解朋友，了解朋友真正需要的到底是什么，可以做些什么来帮助朋友；而不要算计能从朋友身上得到什么。如果我们愿意先为别人提供帮助，那么在我们需要帮助的时候，别人同样也会愿意助我们一臂之力。而且，在帮助他人的同时，一定不要忘了善意地关注他人的自尊。能施舍的时候不骄横，才是一种最大的善举。

第三，主动亲近。到任何一个陌生的环境中，都应该留心观察你的潜在关系网在哪些人身上可能得到扩展，然后与他们保持联络，主动去亲近他们，让他们对你产生深刻的印象。当他们成了你关系网中的某个角色，你就能够有效地影响他们，他们就很有可能在你人生的某一关键时刻竭尽全力帮助你。

第四，眼光放远。我们要学会在与人交住合作的过程中，培养自己战略性规划的长远考虑和行动能力。目光短浅的人必然会忽视“潜在关系网”所能带给他们的好处，而作为一个具有长远眼光的人，一定会注意到潜在人际关系网的重要性。所以不要只看到眼前利益，更要把眼光看得远一些。

总而言之，这是一个人脉扮演重要角色的年代，谁都不可能再成为鲁滨逊那样的孤胆英雄，不管你是谁，都必须接受人脉的影响，更必须通过人脉影响他人，进而赢得属于自己的成功。站在他人的肩膀上，让自己的影响力无限扩大，才能在自己的天空里自由驰骋。

延伸阅读：如何找到你生命中的贵人？

贵人，很多时候是可遇不可求的，但是如果你在平时注意到了以下这几点，你碰到自己生命中贵人的可能性就会大大提高：

1. 有一颗渴望和相信他人的心。若你是一个愿意去相信人的人，贵人从天上掉下来你才敢相信他就是你的贵人。

2. 虚心求教。把自己想象成一个什么都不懂的人，以谦卑的心向人请益，贵人自然会向你靠拢。

3. 学习的热忱。先不要期待贵人会对你有什么帮助，而是要自己多加学习，要能将别人头脑里的智慧化为已用。

4. 常怀感谢的心。没有人喜欢被人利用，从人性来分析，贵人帮助你，多少也都希望能获得适当的感谢。你若抱着纯粹利用他人为自己牟利的目的与人相交，你的真实嘴脸最终会被识破。

5. 要花时间。人际交往是一段需要投入交流的过程，先细细观察，充分了解一个人的性格、特长、喜好，才能找到与之合作的最好方法，才有机会让贵人看见你。

6. 乐于助人。先不要问别人能为自己做什么？而是要先问自己能为别人做什么？正如启斯法拉利所说：别自个儿用餐！结识贵人之道就在于积极助人。

7. 勇于参加社团。很多学者经研究，认为每个人至少应该参加两个以上的社团：一个与专业相关、一个与专业无关。很多即使是与你的专业无关的人，但却很有可能就是出现在你最需要帮助的那一瞬间的贵人。

早点稳定大后方

事业的成功，与感情生活平和安定有很大关系。

“婚姻是爱情的坟墓”这句爱情箴言，在相爱的年轻人群中，拥有大量笃信的粉丝。尤其是一些事业心很重的人，他们认为：早结婚会让另一半拖累自己，延误发展计划，或者说得更直白一点，他们认为早结婚会影响自己的事业，多了一个牵挂的人，让自己不能全身心投入到工作中。

但实际上，恰恰相反。

相比较婚姻而言，谈恋爱反而是更劳命伤神的事情。结婚以后，省却了恋爱中“求之不得”的辛劳，你可以发奋工作了。今天，已婚的人更容易找工作，也更容易在职位上得到晋升机会。因为，领导者认为结了婚的人更稳定，更有责任感。而且，对女人来说，如果能早早生完孩子，日后便可得到长期实现良性发展的机会，在工作上有一个长远的规划。想象一下那些老大不小，担心自己主管职位不保而不敢结婚生子的小白领吧，她们骑虎难下的做派真让人难受。对男人来说，早结婚自然不必担心来自恋爱和事业的双重压力。结婚后，不管事业上遇到了什么样的困难，背后都会有一个女人始终支持自己，给自己信心和继续拼搏的力量，这比自己孤身奋战好得多。

那么，你还有什么理由不省下恋爱的那份精力，走进婚姻里，或者让你的妻子为自己安排衣食起居，或者在丈夫那里得到更多关爱？如此一来，你在工作与事业上自然可以如虎添翼。

大陆首富刘永好就坦言，当初就得力于太太的大力支持，才有了今天的辉煌事业。

刘永好与爱人李巍相爱时，并不被朋友和家人看好。因为刘永好出身小县城，只是一所工业中专的毕业生，而且还有一些“历史遗留问题”，跟才貌双全家境又好的李巍根本“不般配”。但是李巍为了爱情，丝毫没有犹豫，认识半年之后两个人就结婚了。当时两个人的经济条件非常窘迫，连酒席都摆不起，只好买了六七斤水果糖，挨家挨户发，就算请客。两个人就是在这样艰苦的条件下走到了一起。

对老婆最好的回报就是努力工作！刘永好辞掉了教师工作，从养鹌鹑、卖鹌鹑蛋开始，走上了经商之路。其间，有很多人觉得他放弃“知识分子”身份去做小生意是“有辱斯文”，他也动摇过。但是妻子的全力支持给他鼓足了勇气。后来，他们的鹌鹑蛋生意越做越大，从1982年春节的1000元起家，到了1988年，仅过了6年时间，刘永好就和兄弟们一起挣到了1000万元。

如果没有妻子的支持，刘永好可能就会走回头路，返回学校去当老师，而中国就少了一个亿万富翁！每每回忆起创业的点点滴滴，刘永好的言语之间就荡漾着无限柔情，那是对妻子的感激和眷恋。

也许不少人会想，只要住在一起不就能达到这个目的了吗，何必非要把自己推进到婚姻里？尤其是现在很多年轻人，未婚同居已经不是新鲜事了。但你若以为同居就能解决婚姻的问题，实在是错误之极。不妨试想一下，年复一年的同居生活很有可能换回来的是双方爱情的冷淡，最后分手，而不是婚姻的责任和稳定。结婚之后就不同了，结婚之后，即便是爱情冷淡下来了，还会有亲情滋生出来，没有了爱情的滋润，你和另一半超越爱情的亲情依然能让你的婚姻保持幸福的状态。

经过相识相知相依相恋，最后顺理成章地尽早步入婚姻的殿堂，这其实是完美的人生过程。一边要费心于工作，一边还得分心于爱情，实在令人疲累。更何况，一心不能二用，强行为之，便定然会落入吃力不讨好、两边都糟糕的局面。比如，老板正在旁边指导工作，而你的手机却不适时宜地响起。于是你挂断它，继续和老板探讨，结果手机又响了。于是为了向老板展示你愿意和他继续讨论公司前景的决心和忠心，你干脆而决绝地关掉了你的手机。此时，你虽然面带微笑，口若悬河，指点公司前景，但心里是否却开始感到不安。“他（她）会不会因为我不接电话而生气？”又或者“他（她）会不会因为我关机而怀疑我？”

另外，即使很多人在事业上取得了成功，也是以牺牲了感情作为代价的。在很多电视剧里，我们常常看到某个女强人因为自己没有时间陪男朋友，而使得自己的闺密撬了自己的墙脚，男朋友被抢走了。爱情、友情同时失去。你不要以为这是电视剧在凭空杜撰，事实上，现在社会上确实存在这样的情况。很多事业型的女人，因为过于热爱自己的工作，因此迟迟不愿结婚。结果是，既要费心搞好工作，又要费心看好自己的男朋友，以免被人撬墙脚。结果弄得自己疲惫不堪。因此，为避免落入如此窘境，倒不如先下手为强，在最应该结婚的时候就果断地走进婚姻。

与自己相爱的人结婚，勇敢面对未来人生的各种挑战，这种携手努力会带来许多意想不到的好处。比如：可以共同应对人生的各种风雨。生活是艰辛的，在外打拼的时候，有一个家在背后支撑，困难的时候有人陪伴，会更轻松自如得多。人是孤独的动物，尤其是创业的人更需要别人的关心与关爱。当有人分担了你的辛苦和孤独，那么你渴望成功的激情自然就会加倍增长。稳定的家庭有利于内心的安定，男人也好女人也好，没有成家时那颗心始终是飘着的，不利于工作与事业发展。先结婚，再携手共同为生活而努力，两颗力争上游的心在一起所散发出来的能量，也是双倍的。此外，结婚，还能让人减少无助感与迷茫感，生活更有目标，为自己追求梦想创造出更好的精神环境……总之，你在与他（她）一起努力前进的过程中，不但能尝试到创业的激情碰撞，更能在其间不断加深你们的感情，体会彼此的重要性，成为生活和事业上的绝佳伴侣。

因此，不管是男人还是女人，如果和恋人之间的感情确实稳定，那就趁早结婚吧。让爱情在婚姻中修成正果，并且成为你事业的坚强后盾。

延伸阅读：给年轻人一点对婚姻、家庭生活的建议：

1. 在婚姻中，很多人试图改变对方，以使婚姻变得更幸福。而当他们试图改变对方时，这种做法往往会引起争斗，最好的做法应是先改变你自己。所以，“不要在对方身上下工夫，要在你对对方的看法上下工夫”。

2. 记住爱人、孩子以及双方父母的生日，到时候给他们一个惊喜。

3. 不论事业多忙，每周都要找出一天时间，与家人共度。

子欲养而亲不在

树欲静而风不止，子欲养而亲不待也。往而不可追者，年也，去而不可得见者，亲也。

提倡尊老爱幼，讲究孝道，历来是中华民族的传统美德。旧中国有一本广为流传的画册，叫《二十四孝图》，上有图画，下有解说，通俗易懂，讲的全是尽“孝道”的故事。例如，其中有一幅叫《郭巨埋儿》，说的是汉代有个名叫郭巨的人，家境贫穷，他的老母常将自己的那一份饭分给三岁的孙子吃。郭巨看了心中不安，认为这样会影响母亲的健康，不合“孝道”，决定埋掉自己的儿子，以免老母分食。古代思想家、教育家孟子甚至将尊老爱幼提高到影响治国平天下的高度。“老吾老，以及人之老；幼吾幼，以及人之幼。天下可运于掌。”

当然，其中未免不合常理而有夸张之嫌，但孝敬父母确实是一个人立身处世最基本的品德。

也许有人会觉得自己就是很孝顺啊，他们常说，等有了钱要给父母买这个买那个，如何如何，言辞恳切，十分动人。可这样的话细细思索才觉非常不妥，岂不知世上的事都可以等，唯有孝顺不能等待。等你有了钱的时候，父母也许不一定能够享用。李白讲做人需及时行乐，其实孝敬老人也需要及时而行，不要等，更不可等。如果孝敬父母只知道一味地等有了什么以后，那么一切都晚了。

有一个年轻人，还不到而立之年便已经做到了某大型企业总经理的职位，工作的繁忙使他有两年的时间没有回去看父母了。

这一天，年轻人接到了父亲的一个电话，说他母亲病了，要他回去一趟。不过父亲并没有说得了什么病，严重不严重，只是在末了说了一句话，叫他不用担心，如果实在抽不出空的话就不要回去了。

年轻人这几天正好有一笔很大的业务要谈，他想等谈完这笔业务再回去也不迟，便忍着焦急的心没有回家看望卧病在床的母亲，只给家里打了一笔医药费过去。谈判那天，年轻人正在和对方谈这笔涉及到几千万元利润的业务，父亲却又一次打来了电话，年轻人隐隐约约感觉到父亲的话语不太对劲，但他现在已经把全部精力用在谈判上了，终究没有追问父亲。他向父亲保证谈完这笔业务一定回去。父亲没有说什么，无奈地挂了电话。

业务终于谈成功了。年轻人兴奋得赶紧给家里打电话，想告诉父亲这就回家。接电话的正是父亲。父亲哽咽着说：你母亲去了……犹如晴天霹雳，电话砰地一声掉在了地上。他万万没有想到，业务的成功却要以失去母亲为代价。

回到家，父亲拿出母亲写给他的遗书给他看，只见上面写了这样一句话：妈妈不怪你，但希望你爸爸不要出现我这样的情况。

年轻人泪如泉涌。他无法原谅自己，在父亲面前深深地忏悔。从此以后，每隔一段时间他都要回来看看父亲，不管工作有多忙，业务有多重要。因为他知道再也没有比父亲的生命更重要的了。

这世间，有很多事情，等你想做或有能力做得更完美时却已经来不及了，对待父母，尤其如此。

你曾感受到时间的流逝吗？你曾感受到周遭的人和事物随着时间不断地改变吗？你曾想过最亲近的人有一天将离你而去吗？世人在年少时大多不能完全理解父母的爱，等自己也为人父母，理解父母的苦心时，或许父母已经等得太久，甚至已经不在了。

古语说，子欲养而亲不在。等到你有了时间和金钱奉养双亲的时候，恐怕双亲俱已不在了，这样的情形不也是人生的一大痛楚吗？朱自清看到自己父亲的背影时再也抑制不住眼眶中的泪水，潸然泪下；朱德心中不停地叨念着母亲的深恩，后悔自己没能堂前侍奉；老舍一句“悔啊！”说出了内心里对父母的一片愧疚之情……这种留在心底的蚀骨之痛，永远无法弥补和救治，双亲为了自己受尽了苦累，却一直等待着你，到头来空等一场，父母和儿女双双抱憾。不是你没有孝心，而是你在等待中放弃了机会。

为什么非要等到你有了什么以后才孝敬父母呢？你想拥有的东西难道比父母的恩情还重要吗？有的人很难参透其中的至理，有的人一辈子也不会明白，孝敬父母不必等到你富有以后，父母不图你的钱财，他们只希望能看到你的笑脸，知道你健健康康的，没灾没病，有空和他们相聚，他们就知足了。

及早尽孝，就是拒绝把自己推入悔恨的泥潭。平常的时候，给父母打个电话问安；节假日的时候，给父母送上一束康乃馨；闲来无事，陪父母散散步谈谈心；工作之余，替父母买点菜订张电影票……这些都是孝道，与挣大钱有何关联？我们要报答父母之恩，就要及早尽快，不要等到父母不在了，只留下刻骨铭心的痛苦和悔恨。

别再找各种理由了，去尽一份孝心吧，从今天开始。

延伸阅读：佛教中孝顺五法

在佛教里，讲到孝顺父母有五个方法：

1. 供养父母，不令缺乏：在生活上，物质所需、精神的关怀，要让父母满足，不虞欠缺。

2. 凡有所为，必先禀白：儿女无论要做什么事，要创哪一种事业，都要让父母知道，不要让父母感觉到你隐瞒他，让他感受到儿女对他们有十足的信任。

3. 父母所为，恭顺不逆：父母想要做好事，想要有所作为，身为子女的就要顺从父母的意思，不要忤逆。

4. 父母正令，不敢违背：不要违背父母正当的命令，他们要做善事、做好事，不要违背他们。

5. 父母正业，不为中断：假如父母创造了什么好的事业，如：养老院、孤儿院或者办学校，办一些对社会福利的事业机构，为人子女者不能让它中断，要把父母的正业一直继承下去，这才是孝顺。

附录：致青春

青春是打开了就合不上的书。

青春者，人生之春，人生之王，人生之华也。每个人都曾拥有自己的青春，都曾用自己手中的笔去描绘它。然而，二者并不完全等效。庸者总会傲慢地认为青春是一个无底洞，智者则会谦卑地认为青春是上帝借我们的一架云梯，时间到了总要归还。

青春啊，永远是美好的，可是真正的青春，只属于这些永远力争上游的人，永远忘我劳动的人，永远谦虚的人。

时间可以摧毁世界上的一切，可以把最坚固的城堡化作历史的残迹，可以把人类的偶像和权威化成灰烬，可以把英雄的利剑化作孩子的玩物，可以把布满大森林的山脉变成布满珊瑚丛的无边的海洋。然而，时间也可以造就一切，可以把猿人居住的洞穴变成金碧辉煌的高楼，可以让曾是残破的荒村变成繁华的城市，也可以使无知的孩子变成百科全书式的学者，在自己的心中展开一片智慧的大星空。

很多事情，但凡与青春联系到一起，那不算什么，一离开青春，原来什么也不是。

只有把握现在，才能在明天驰骋风云，只有把握现在，才能充实虚幻的明天，只有把握现在，才能造就明天的辉煌！

青春应该怎样度过？有的如同烈火，永远照耀别人。有的却像荧光，甚至也照不亮自己！不同的生活理想，不同的生活态度，决定一个人在战斗中的位置。

青春犹如一首歌，它的内涵需要你用如火的精力唱出它的生命；青春如一幅图画，它要靠你一笔一笔去绘制。

青春就像卫生纸一样，看着很多，用着用着就没有了；生命就像小说书一样，觉得很厚，掀着掀着就到头了。年轻的我们要：珍惜青春，爱惜生命。

青春不仅仅是月亮、林荫、交谊舞，也不仅仅是为了使地球多一个高等动物。假如你能让青春放逐出自己的思维，让它驰骋在大自然纷繁的境地，回旋在物质的深层结构，奔波在宇宙无限的区域，那么你会为之迷恋，为之振奋，为之倾注出自己的全部热血。

青春，如此美好。但这种美好，总是在青春逝去的时候才会被我们发掘。我们会恍然大悟，噢，原来当初的时光寸寸皆金。青春的路上遍地黄金，而我们却走得太匆忙，忘了低头看看，脚下这片金灿灿的土地。

青春并不像一袭新衣，好像我们仔细少穿一点就可以保持簇新似的。青春，当我们有它的时候我们一定要每天穿用它，而它则很快就会消逝。

我们不能做到青春活得不留遗憾，但要做到在青春里活得心安。

青春——人一生中最美好的年岁。它是一个人的生命含苞待放的时期，生机勃发、朝气蓬勃；它意味着进取，意味着上升，蕴含着巨大希望的未知数。

青春应该像花，一瓣一瓣散着醉人的芬芳，绚烂于生命的枝头，张扬于岁月的原野。假如青春真的像花，年轻的你，是否能够做到开放时惊心动魄，飘落时无怨无悔，将那些生命中发生的痕迹演绎成诗意的永恒？

不是所有的梦都来得及实现；不是所有的话都来得及说！

生活赋予我们一种巨大的和无限高贵的礼品，这就是青春：充满着力量，充满着期待、志愿，充满着求知和斗争的志向，充满着希望和信心的青春。

青春是一种算法。立志勤勉用加法，心存懒惰用减法，奋力拼搏用乘法，误入歧途用除法。

青春是一张过期不候的车票，青春是一片稍纵即逝便不回头的云朵。把握短暂的青春，坚持年轻时的理想和信念，坚持对生活的热爱和向往。

一个人有无成就，决定于他青年时期是不是有志气。

如果你没法做希望做的事，就应当希望做你能够做的事，如果你希望在年老时受人爱戴，那么在你年轻之时就应待人有礼。

青春须早为，岂能长少年。

人世间，比青春宝贵的东西实在没有，然而青春也最容易消逝。最可宝贵的东西都不甚为人所爱惜，最容易消逝的东西却在促进它的消逝。能保持永远青春的人，便是伟大的人。

青春如初春，如朝日，如百卉之萌动，如利刃之新发于硎，人生最宝贵之时期也。青年之于社会，犹新鲜活泼细胞之在身。

青年应当有朝气，敢作为。

如果青春的时光在闲散中度过，那么回忆岁月将会是一场凄凉的悲剧。

青春在人的一生中只有一次，而青春时期比任何时期都最强盛美好。因此千万不要使自己的精神僵化，而要把青春保持永远。

青春的光辉，理想的钥匙，生命的意义，乃至人类的生存、发展……全包含在这两个字之中——奋斗！

据我观察，大部分人都是在别人荒废的时间里崭露头角的。

趁年轻少壮去探求知识吧，它将弥补由于年老而带来的亏损。智慧乃是老年的精神养料，所以年轻时应该努力，这样，年轻时才不致空虚。

谁勇敢地经受过青春之火的洗礼，谁就毫不惧怕晚年的严寒冰霜。

如果有什么需要明天做的事，最好现在就开始。

人，总是要经得起风吹雨打虫蛀，经过奋斗，做过努力，那才能终于以“果子”的形式向自己的青春告别。

如果你浪费了自己的青春，那是挺可悲的。因为你的青春只能持续一点儿时间——很短的一点儿时间。

青年之字典，无“困难”之字，青年之口头，无“障碍”之语；惟知跃进，惟知雄飞，惟知本其自由之精神，奇僻之思想，锐敏之直觉，活泼之生命，以创造环境，征服历史。

在青春的世界里，沙粒要变成珍珠，石头要化作黄金……青春的魅力，应当叫枯枝长出鲜果，沙漠布满森林……这才是青春的美，青春的快乐，青春的本分!

痛苦和寂寞对年轻人是一剂良药，它们不仅使灵魂更美好、更崇高，还保持了它青春的色泽。

我们必须调整自己的生活形态，使黄金时代藏在未来的老年里，而不是藏在过去的青春和天真的时期里。

青春是有限的，智慧是无穷的，用短暂的青春，去学习无穷的智慧。

青春是美妙的，挥霍青春就是犯罪。

盛年不重来，一日难再晨，及时宜自勉，岁月不待人。

益重青春志，风霜恒不渝。

青春去时不告别，老年来时不招手。

青春的梦想，是未来的真实投影。

用我们的奋斗和梦想扬起青春的船帆，当我们努力拼搏地摇浆时，成功的闸门也会慢慢地为我们打开，我们将享受一份青春的美好，收获一份成功的喜悦。